中国建设教育协会重点课题（项目编号：2021006）

# "双一流"建设背景下的

# 建筑类高校

## 一流学科和一流专业建设研究

盛宝柱　著

U0248732

化学工业出版社

·北京·

## 内容简介

本书以建筑类高校为具体研究对象，对建筑类高校的一流学科和一流专业建设现状加以分析，揭示学科和专业建设存在的问题，使读者了解"双一流"战略对建筑类高校学科专业发展所提出的要求。针对现有问题，从区域经济社会发展和高校自身传统优势出发，寻找"双一流"建设背景下，适合建筑类高校自身特点的一流学科和一流专业的发展路径，从而培育和造就一批具有不可替代性的一流学科和一流专业，努力在建设一流学科和一流专业上实现突破，引领学校发挥优势、办出特色，在"双一流"建设中有所作为。

本书适合高等学校管理者、高等学校教师和学生、相关政府管理部门、高等学校投资者阅读。

**图书在版编目（CIP）数据**

"双一流"建设背景下的建筑类高校一流学科和一流专业建设研究 / 盛宝柱著.—北京 ： 化学工业出版社，2022.11（2023.6重印）
ISBN 978-7-122-42119-7

Ⅰ.①双… Ⅱ.①盛… Ⅲ.①高等学校—建筑学—学科建设—研究—中国 Ⅳ.①TU-40

中国版本图书馆CIP数据核字（2022）第 164128 号

责任编辑：毕小山 　　　　　　　　　　文字编辑：刘　璐
责任校对：赵懿桐 　　　　　　　　　　装帧设计：刘丽华

出版发行：化学工业出版社（北京市东城区青年湖南街 13 号　邮政编码 100011）
印　　装：涿州市般润文化传播有限公司
710mm×1000mm　1/16　印张9　字数185千字　2023 年 6 月北京第 1 版第 2 次印刷

购书咨询：010-64518888　　　　　　　售后服务：010-64518899
网　　址：http://www.cip.com.cn
凡购买本书，如有缺损质量问题，本社销售中心负责调换。

定　　价：68.00 元 　　　　　　　　　　　　　　版权所有　违者必究

2015 年 8 月 18 日，中央全面深化改革领导小组会议审议通过《统筹推进世界一流大学和一流学科建设总体方案》；10 月 24 日，国务院印发《统筹推进世界一流大学和一流学科建设总体方案》，对新时期高等教育重点建设做出新部署，将"211 工程""985 工程"及"优势学科创新平台"等重点建设项目，统一纳入世界一流大学和一流学科建设，决定统筹推进建设世界一流大学和一流学科。

2017 年 1 月 24 日，经国务院同意，教育部、财政部、国家发展改革委联合印发了《统筹推进世界一流大学和一流学科建设实施办法（暂行）》；9 月 21 日，教育部、财政部、国家发展改革委联合发布了《关于公布世界一流大学和一流学科建设高校及建设学科名单的通知》，世界一流大学和一流学科建设高校及建设学科名单正式确认公布；10 月 18 日，习近平总书记在十九大报告中指出，要加快一流大学和一流学科建设；12 月底，一些高校的"双一流"建设方案陆续公布，明确了"双一流"建设的总体目标。

2019 年，教育部发布声明：已将"211 工程""985 工程"等重点建设项目统筹为"双一流"建设。

2021 年 12 月，中央全面深化改革委员会第二十三次会议，审议通过了《关于深入推进世界一流大学和一流学科建设的若干意见》。会议强调，要突出培养一流人才、服务国家战略需求、争创世界一流的导向，深化体制机制改革，统筹推进、分类建设一流大学和一流学科。

2022 年 2 月 8 日，教育部发布 2022 年工作要点，明确提出"逐步淡化一流大学建设高校和一流学科建设高校的身份色彩"，将一流大学建设高校和一流学科建设高校统称为"双一流"建设高校。

2022 年 2 月 14 日，教育部、财政部、国家发展改革委公布了第二轮"双一流"建设高校及建设学科名单，以及给予公开警示（含撤销）的首轮建设学科名单。第二轮建设名单不再区分一流大学建设高校和一流学科建设高校，将探索建立分类发展、分类支持、分类评价建设体系作为重点，引导建设高校切实把精力和重心聚焦有关领域、方向的创新与实质突破上，创造真正意义上的世界一流。

"双一流"建设的指导思想：以习近平新时代中国特色社会主义思想为指导，深入贯彻党的十九大和十九届历次全会精神，深入落实习近平总书记关于教育的重要论述和全国教育大会、中央人才工作会议、全国研究生教育会议精神，立足中华民族伟大复兴战略全局和世界百年未有之大变局，立足新发展阶段，贯彻新发展理念，服务构建新发展格局，全面贯彻党的教育方针，落实立德树人根本任务，对标2030年更多的大学和学科进入世界一流行列以及2035年建成教育强国、人才强国的目标，更加突出"双一流"建设培养一流人才、服务国家战略需求、争创世界一流的导向，深化体制机制改革，统筹推进、分类建设一流大学和一流学科，在关键核心领域加快培养战略科技人才、一流科技领军人才和创新团队，为全面建成社会主义现代化强国提供有力支撑。

"双一流"建设的目标：推动一批高水平大学和学科进入世界一流行列或前列，加快高等教育治理体系和治理能力现代化，提高高等学校人才培养、科学研究、社会服务和文化传承创新水平，使之成为知识发现和科技创新的重要力量、先进思想和优秀文化的重要源泉、培养各类高素质优秀人才的重要基地，在支撑国家创新驱动发展战略、服务经济社会发展、弘扬中华优秀传统文化、培育和践行社会主义核心价值观、促进高等教育内涵发展等方面发挥重大作用；到2020年，若干所大学和一批学科进入世界一流行列，若干学科进入世界一流学科前列；到2030年，更多的大学和学科进入世界一流行列，若干所大学进入世界一流大学前列，一批学科进入世界一流学科前列，高等教育整体实力显著提升；到21世纪中叶，一流大学和一流学科的数量和实力进入世界前列，基本建成高等教育强国。

行业特色型高校特指高等教育管理体制改革前隶属于国务院下属部委的行业大学、行业高校、行业院校，并具有显著行业办学特色与突出学科群优势的教学研究型大学，简称"行业特色型高校"。行业特色型高校几十年来为行业的发展输送了大批人才，也形成了鲜明、稳定的办学类型、学科特点与服务面向。行业特色型高校在发展过程中，始终与国家重大战略和需求同呼吸共命运，始终站在行业领域、科技创新和人才培养前沿。

高水平行业特色型高校是"双一流"建设的重要组成部分。行业特色型高校具有学科优势集中、特色鲜明等特点，是我国高等教育生态体系的重要组成部分。

经过长期的发展和重点建设，一批高水平行业特色型高校已成为国家高等教育的优质资源，成为创建世界一流大学的重要力量。

建筑类高校是我国最典型的行业特色型高校，是我国高等教育体系的重要组成部分，在"双一流"建设中，既面临大有可为的战略机遇，也面临前所未有的巨大挑战。"双一流"建设背景下，建筑类高校需要在建设一流学科和一流专业上实现突破，引领学校发挥优势、办出特色。建筑类高校要始终与国家发展和民族振兴同向同行，找准定位，明确目标，坚定办学方向，扎根中国大地办教育，以立德树人为根本，积极抢占科技创新和人才培养的制高点，为科技强国、人才强国等战略提供坚强支撑，为我国从高等教育大国向高等教育强国转变、建设社会主义现代化强国、实现中华民族的伟大复兴积极贡献力量。

盛宝柱

2022 年 7 月

# 目录

## 第一章
## 绪 论
1

## 第二章
## 建筑类高校一流学科和一流专业建设的理论基础
16

**第三章**
中国最具代表性的
建筑类高校

**第四章**
建筑类高校一流学
科和一流专业建设
的现状分析

# 第一章

# 绪　论

第一节　行业特色型高校概述

在我国高等教育体系中，行业特色型高等学校（简称行业特色型高校）是有着显著类群识别特征且地位十分特殊的一类学校，涉及建筑、地质、矿产、医药、农业、林业、政法、水利、电力、财经、通信、化工、交通等多个领域。

因其与国家某个行业、产业建设和发展的密切联系，行业特色型高校具有特殊的办学历史与发展成就，同时也折射出我国高等教育管理体制"共建""合作""合并""划转"等多次调整与改革的历程。

行业特色型高校在中国人民"站起来"时应运而生，在"富起来"到"强起来"的发展过程中与国家经济社会建设和国防现代化建设同频共振，为行业发展培养了大量的工程技术人才，在推动行业科学技术进步、促进产业结构调整和提升国家科技创新实力的同时积累了较高的行业和社会认可度。

## 一、行业特色型高校的发展历程

从时间上来看，我国行业特色型高校可以划分为四个发展阶段：一是创建与初步发展阶段（1950~1977 年）；二是改革开放后调整发展阶段（1978~1997 年）；三是转隶调整后转型发展阶段（1998~2014 年）；四是"双一流"建设阶段（2015年至今）。

新中国建立后，社会主义工业化建设的序幕拉开，为实现建设我国独立自主工业体系的战略发展目标，培养国家工业建设急需的各类人才，我国高等学校学习借鉴苏联的专业化教育办学模式，国家部委陆续组建了一批行业高等院校。此外，教育部在 1952 年确立了"以培养工业建设人才和师资为重点，发展专门学院，整顿和加强综合大学"的方针，根据国家工业化建设需要，调整国内高校院系，基本形成了可满足国家工业体系建设需求的高等教育体系，其中有近百所涵盖水电、地矿、农林、石油和交通等工业重点领域的行业特色型高校。

到 20 世纪 70 年代，我国各类行业特色型高校已达到 300 多所。该时期内，行业特色型高校为我国工业化建设培养了大批专业技术人才，同时为以"两弹一星"、核潜艇为标志的国防科技和武器装备建设事业做出了重大贡献。

党的十一届三中全会开启了改革开放和社会主义现代化建设新时期，而我国高校专业偏窄、科类单一，不能完全满足经济发展对人才能力的要求。为了更合理地配置高等教育资源、打破条块分割、拓宽学科专业服务面，从1993年开始，按照"共建、调整、合作、合并"的基本思路，对原中央部委管理的571所高校进行不同程度的调整，基本形成了我国高等教育中央和地方政府两级管理体制。

1995年11月，"211工程"项目建设正式启动，国家对行业特色型高校建设很重视，第一批和第二批入选"211工程"项目建设的94所高校中行业特色类占有重要比例。该时期内，地方政府在土地、优惠政策、投入等方面对行业特色型高校加大支持力度，行业特色型高校在地方经济发展中发挥的作用越来越明显，为我国经济快速发展提供了大量人才和科技支撑。部分行业特色型高校拓展服务行业，调整学科专业结构，学科水平较高的向成为综合性大学的目标挺进。

随着1998年国务院机构改革，国家调整了原属机械工业部等9个部委管理的91所高校，以地方管理为主的81所高校，10所高校划归教育部直属。

1999年初，国家调整和改革原所属兵器、航空、航天、船舶以及核工业等五大军工总公司的34所成人高校、25所普通高校的隶属和管理。新组建的国防科工委管理7所军工特色高校，其他部分高校采取中央和地方共同建设模式，但主要还是由地方管理。

2000年，国家对交通部、信息产业部等49个国务院部门（单位）所属的161所普通高校、97所成人高校进行管理体制的调整和改革。部委、行业所属高校陆续以独立建制、合并，以及并入教育部、地方政府和国防科工委等方式完成调整，行业特色型高校在入选国家"211工程"和"985工程"项目建设高校中均占有较高比例。该时期内，行业特色型高校在调整划转后积极探寻发展路径，高校与教育部、行业部门和地方政府以"两方""三方"或"四方"等形式进行"共建"；行业特色型高校间通过结盟构筑发展平台，如2011年成立的北京高科大学联盟（简称北京高科，包括北京9所、河北1所、陕西1所、黑龙江1所高校），2012年成立的船舶与海洋工程大学联盟（简称"船海大学联盟"，包括14所船海类高校），2011年成立的高水平行业特色大学优质资源共享联盟（包括13所教育部直属高校）。为满足国家或行业发展急需的人才需求，充分发挥顶尖行业特色型大学的学科综合优势，有力支撑创新型国家建设，国家自2006年开始创建"985工程"优势学科创新平台（简称"985平台"），累计共有33所行业特色型高校入选。

建设世界一流大学和一流学科，是党中央、国务院做出的重大战略决策。"双一流"建设坚持扶优扶需扶特扶新，引导和支持具备较强实力的高校合理定位、办出特色、差别化发展，入选国家"双一流"建设的行业特色型高校其特色优势和学科发展水平较高，与行业联系紧密，对行业发展起着支撑和引领作用。

"双一流"建设开启了我国高等教育的新篇章，行业特色型高校要主动围绕国家战略需求、行业重大技术难题，不断巩固强化特色优势学科，推进特色学科与基础学科和新兴学科的交叉与深度融合，努力成为培养行业拔尖创新人才的战略高地、解决行业关键重大技术难题的创新高地、催生行业技术变革的动力源泉，成为支撑国家长远发展的一流大学和一流学科体系的重要推动力量。

## 二、行业特色型高校发展的影响因素

行业特色型高校主要受到国际国内政策环境、行业形势、综合性大学冲击、地域、大学排名、自身学科结构，以及管理机制等外部和内部因素的影响，应从宏观、中观和微观三个层面来分析影响因素，使行业特色型高校积极面对机遇和挑战，走特色发展之路。

### 1. 宏观层面

国家经济社会的发展对高等教育的发展与改革有深刻影响，高等教育政策需调整变化以适应国家不同阶段的发展战略要求，高等教育对国家经济社会发展起着支撑保障作用。行业特色型高校从创建、调整、转隶到"双一流"建设，其兴衰与国家经济社会发展政策直接关联，发展轨迹具有鲜明的时代烙印。

当前经济全球化迅猛发展，全球竞争加剧，世界科技强国抢占创新链顶端的步伐加速，以技术创新重塑制造业竞争优势，新一轮国际国内市场争夺激烈。为应对新工业革命和科技变革的挑战，我国加速经济结构调整和创新型国家建设的步伐，推进"中国制造2025""一带一路"建设等一系列重大战略部署。行业特色型高校要积极把握新时代发展的机遇，与国家发展战略同向同行，在强国伟业的奋斗中实现自身发展。

## 2. 中观层面

行业特色型高校在脱离原行业主管部门管理后，在办学经费投入、产学研合作、行业服务空间以及行业资源支配等方面均有不同程度的弱化，在应对行业产业结构调整和转型升级上有一定的滞后性；此外，当前行业发展大调整、大开放，打破了固有行业壁垒，综合性大学在不同程度上向行业特色型高校进军，行业特色型高校在所服务行业固有的传统优势受到挑战。

行业特色型高校的人才培养、科学研究集中于所服务的特定行业，其办学效益与行业景气程度紧密关联。如国家在推动航空航天产业链发展过程中，服务航空航天领域的高校发展迅猛；当前国家对石油石化、钢铁、煤炭、有色金属、船舶制造、炼化、建材等行业实施去产能，对该类行业特色型高校的发展影响较大。

行业特色型高校的发展受所在地域的地理位置、自然环境、经济发展水平、产业结构、人才引进政策等影响而呈现不平衡，如位于东部经济发达城市的高校对优秀生源和高水平师资的吸引程度高于西部、东北地区的高校，地方财政投入和政策支持力度也有较大差异。在社会关注度较高的 THE、QS、U.S. News、ARWU、武书连等大学排名中，学科结构单一的行业特色型高校与多学科类综合大学按照相同指标评价，其排名存在明显劣势，在行业外的社会声誉远低于行业内，影响对优秀生源和社会资源的吸引力，缺乏符合行业特色型高校办学特点的科学评价机制。

## 3. 微观层面

行业特色型高校的学科专业集中于特定行业或产业链的某个环节，特色优势学科在行业中具有不可替代作用，但学科服务范围局限于行业，拓展服务面交叉的新兴学科仍在探索中，尚未形成新的学科特色。行业特色型高校的学科建设主要注重解决行业中的工程技术问题而偏应用性研究，在基础研究方面相对较薄弱，需尽快构建学科基础研究和应用研究的相互促进机制。行业特色型高校的学院设置和学科专业口径较窄，某个一级学科往往由若干个学院共同支撑，学科建设要素分化为以学院为单位，学科发展环境受行政管理体制制约，尚未形成比较符合学科发展规律的建设模式。

## 三、行业特色型高校学科专业体系化建设的必要性

### 1. 国家经济社会发展战略的要求

为更好地应对新工业革命和科技变革带来的挑战，构筑制造业新一轮竞争的先发优势，我国加速了经济结构调整和创新型国家建设的步伐，深入推进"中国制造 2025"和"一带一路"建设，以及海洋强国、科技强国、质量强国、航天强国、网络强国、交通强国、数字中国、智慧社会等一系列重大战略部署。

高等工程教育方面，工程人才培养与产业需求不匹配，学科专业不能满足产业技术需求，专业技术人才缺乏。这要求我国高等工程教育必须优化学科专业结构以适应我国不断变化的产业结构。我国高等教育要与国家重大战略和需求同呼吸共命运，根据社会需求、行业和区域发展需要以及自身办学定位来动态调整和优化学科专业结构，从产业结构、人才层次和产业链环节建立符合经济社会发展需求的工程人才培养结构。为建设高等教育强国，国家推进"双一流"建设和新工科建设。高校在实施国家战略过程中具有不可替代的支撑作用，而学科专业建设是高校发展的核心和关键，这要求高校必须加强学科专业体系化建设。

### 2. 学科专业交叉融合的要求

世界一流大学的学科办学经验证明，学科专业交叉融合是其发展的强劲动力，应该注重基础性学科与应用性学科交叉融合，离开了基础学科，应用学科就缺乏后劲和潜力；离开了应用学科，基础学科就缺乏生机和活力。高校要实现学科专业更广泛切实的交叉与融合目标，通过学科交叉、渗透、连接，催生新的学科专业生长点，推动学科专业从"组合"升级为"化合"，形成富有生机和网络化的学科专业群，从而增强学科专业间的交叉发展和共生效应。

### 3. 优良学科专业生态建设的要求

高校是由多个学科专业构成的生态结构，学科专业间存在众多有机联系。虽然每个学科专业具有相对独立性，也都有其独特的内部组成，但学科专业各组成部分之间、不同学科专业之间都有着明显的相互作用。某一学科专业发生变化会直接或间接影响其他学科专业，进而引起整个学校系统发生一定程度的反应或变化。高校要建设优良学科专业生态，使整个学科专业生态系统保持在动态平衡中不断发展和进化。追求更新、更符合学科发展规律的学科专业布局，就必须加强学科专业体系化建设。

### 4."双一流"建设的内在要求

2015 年 10 月，国务院印发的《统筹推进世界一流大学和一流学科建设总体方案》中指出要"坚持立德树人，突出人才培养的核心地位，着力培养具有历史使命感和社会责任心，富有创新精神和实践能力的各类创新型、应用型、复合型优秀人才"。人才培养是衡量大学水平和形成大学声誉的关键，人才培养质量得到国际社会认可是"双一流"建设水平的重要体现。在"双一流"建设过程中，高校要依据行业和区域发展需要，加强学科专业体系化建设，深化人才培养模式改革，以提高人才培养质量和人才培养的适应性，努力培养拔尖创新人才。

### 5.高等工程教育发展的要求

2016 年 6 月 2 日，中国正式加入《华盛顿协议》，成为该协议第 18 个正式成员。《华盛顿协议》是一项工程教育本科专业认证的国际互认协议，对缔约方的工程教育工作提出了比较系统的具体要求。

《华盛顿协议》要求缔约方不断提高工程教育质量，加强教育界与工业界之间的联系，把工业企业对工程师的要求及时反馈到人才培养的过程中，使人才能力素质与工业界需求相契合。工程教育与产业发展紧密联系、相互支撑。新产业的发展要靠工程教育提供人才，特别是应对未来新技术和新产业国际竞争的挑战。行业特色大学必须主动布局，培养工程科技人才，以学科为牵引加快发展和建设新兴工科专业，改造升级传统工程专业，提升工程教育支撑服务产业发展的能力，加强学科专业体系化建设。

## 第二节 研究背景

## 一、"双一流"的由来

当前，随着全球化的不断深入和知识经济的蓬勃发展，国际竞争变为知识、信息和科技的竞争。人才，作为知识、信息和科技的生产者，也就成了国际竞争的核心驱动力。人才培养是大学的核心职能，创新型人才培养的担子自然落到了大学的肩上。在这一背景下，世界各国都将教育方面的改革作为自身经济政治变革的先导，将一流人才培养和一流学科建设上升为国家战略，以在国际竞争中抢得先机。2007 年，我国把"提高自主创新能力，建设创新型国家"明确写入了国家发展战略。创新型人才是创新驱动发展的核心，我国 2010 年颁布实施的《国家中长期人才发展规划纲要（2010—2020 年）》明确指出：围绕提高自主创新能力、建设创新型国家，以高层次创新型科技人才为重点，努力造就一批世界水平的科学家、科技领军人才、工程师和高水平创新团队，注重培养一线创新型人才和青年科技人才，建设宏大的创新型科技人才队伍。2015 年 10 月，国务院发布《统筹推进世界一流大学和一流学科建设总体方案》，要求加快建成一批世界一流大学和一流学科（简称为"双一流"）。2017 年 1 月，教育部、财政部、国家发展改革委三部门联合印发《统筹推进世界一流大学和一流学科建设实施办法（暂行）》。紧随其后，全国各地教育主管部门和高等院校的"双一流"建设计划和实施方案也接连出台，掀起了新一轮高等教育的改革发展浪潮。同年 9 月，三部委公布了 42 所一流大学建设高校名单和 95 所一流学科建设高校名单，标志着我国"双一流"建设正式拉开帷幕。这是中国高等教育领域继"985 工程""211 工程"之后，为了促进高等教育改革和发展，提升高等教育质量和水平，推动高校建设，适应我国经济社会发展需要做出的又一重大战略决策。"双一流"建设是提升我国高等教育综合实力和国际竞争力，建设高等教育强国和人力资源强国的重要战略举措。培养一流人才是"双一流"建设的重要内涵，一流本科教育是建设世界一流大学和一流学科的重要基础和基本特征。

## 二、一流学科与一流专业建设背景

2019 年 4 月，教育部发布通知，决定启动一流本科专业建设"双万计划"。根据这一计划，我国要于 2019~2021 年间建设一万个左右的国家级一流本科专业点和一万个左右省级一流本科专业点。这是"六卓越一拔尖"计划 2.0 的全面实施和落实，目标是要培养出具有引领未来发展能力的创新型一流人才。教育部高教司原司长张大良提出，衡量一所大学的水平，可以从以下五个方面进行观察："有无一流师资队伍，有无政策和制度保障一流师资队伍配置到本科教育中去，学校是否把一流学科优势、一流科研优势转化为本科教育优势，一流科研成果是否及时转化为一流本科教育内容，是否培养出一大批创新创业人才"。"双一流"建设提出建设世界一流高校和一流学科，"双万计划"提出建设一流本科和一流专业，归根结底都是为了落实培养拔尖创新人才的根本任务。

从学科与专业建设的角度来看，学科建设和专业建设是培养创新型人才的基本途径。当前，我国创新型人才培养的问题已经成为高等教育发展面临的严峻挑战。因此，提高大学的学科建设水平对创新型人才培养具有重要的意义，建设一流学科和一流专业成为培养创新型人才的必然需求。学科和专业二者在高校中并存，它们之间存在着天然的联系，相互依存，共同发展。这就决定了在高校中学科建设与专业建设之间的紧密关系。大学的三大主要职能分别是人才培养、科学研究和社会服务。其中，人才培养是大学的基本职能之一，也是大学的根本任务。这三大职能主要通过学科建设及专业建设来实现，其中学科建设主要承担科学研究的职能，专业建设主要承担人才培养的职能，且二者共同实现社会服务的职能。一所学校的办学质量和人才培养质量取决于其学科建设以及专业建设的水平。一方面，学科建设是专业建设的基础；另一方面，专业建设中教学的内容来自科学研究的成果。学科是"源"，专业是"流"，高质量的科学研究是培养高质量人才的起点和保障。学科建设为专业建设提供了理论支撑，专业建设则为学科建设找到了实践场所，学科与专业之间良性互动，实现了从学科、专业培养模式到社会需要模式的转型。因此，从高等教育学的角度看，学科建设和专业建设的协同发展，科学研究和人才培养的互相融合，是实现学科专业资源共享，提高人才培养质量，促进大学实现内涵式发展的必然结果，必须重视学科建设对专业建设的支撑作用。大学中的学科建设和专业建设都要为人才培养服务，这是建设一流本科教育的基础，一流学科与一流专业建设的协同是培养创新型人才的有效方式。当前，创新型人才的培养最重要的是要处理好学科与专业建设的关系，尤其是教学与科研的关系，进而使学科与专业融为一体，科学研究与教学融为一体。这是我国目前的政策要求和现实需求。

学科专业是高校的安身之本，学科专业建设水平则是高校地位的重要标志。而目前我国地方的行业特色高校学科专业建设水平不高，办学程度也不高。因此，阐明学科专业建设的重要性，增强行业特色高校的学科专业建设意识，成为我国学者研究探讨的目的。学科专业是进行人才培养的主要平台。行业特色型高校的人才培养质量取决于学校的学科和专业建设水平，只有加强学科与专业建设，才能全面提升学校人才培养质量。学科专业除了人才培养的功能外，同样也能在经济建设中发挥作用。从对区域产业结构的转变与行业特色型高校学科专业建设之间关系的探究中可以看出，行业特色型高校的学科专业建设与产业结构互相依存，当行业特色型高校学科专业建设符合区域产业结构时，可以促进产业结构升级，加速区域经济发展，反之则阻碍经济发展。此外，随着"双一流"建设方案的颁布，国内也有少部分学者从学科专业建设出发探究行业特色型高校参与"双一流"建设的可行路径。建设一流高校实际就是要建设一流学科，行业特色型高校在服务地方经济社会发展进程中，要结合行业经济和地方经济，建设具备地方或行业特色的学科专业，发挥它们的特色并形成优势，这是地方大学进行"双一流"建设的有效途径。

## 三、核心概念界定

要想更好地认识理解"双一流"背景下行业特色型高校的学科专业建设，对相关概念进行界定十分有必要。

### 1. 双一流

"双一流"是指根据国务院 2015 年 10 月发布的《统筹推进世界一流大学和一流学科建设总体方案》，建设世界一流大学和一流学科。这是我国高等教育发展的新要求，主要包括五项任务（建设高水平教师队伍、培养优质创新人才、提高科研水平、弘扬优秀传统文化、努力推动成果的转化）和五项改革（改进和加强高校党的领导、健全治理结构、突破关键环节、优化社会参与机制、促进国际交流与合作）。"双一流"指明了我国高校未来的发展方向，明确了建设一流大学和一流学科的具体要求，强调了实现"双一流"的目标需要各高校共同合作，共同建设，要求每所学校从自身实际出发，寻找发展突破口，积极参与其中。

### 2. 双万计划

"双万计划"即教育部"双一流专业"计划，是指教育部以建设面向未来、适应需求、引领发展、理念先进、保障有力的一流专业为目标，实施一流专业建设，建设一万个国家级一流本科专业点和一万个省级一流本科专业点。

### 3. 行业特色型高校

行业特色型高校主要指原行业部门所属、特色鲜明的高等学校。其主要有以下三个特点：一是由原行业部门管理和指导，二是其学科专业主要围绕行业的产业链进行设置，三是其人才培养和科学研究主要服务于行业。前教育部副部长赵沁平在"走出高水平特色型大学发展新路"中系统阐述了我国行业特色型高校具有专才型人才培养理念、学科分布相对集中、科研重点是行业共性技术、具有密切的行业领域产学研合作历史等特点，并着重对高水平特色型大学的发展提出了以下要求：一要注重为行业培养精英人才；二要强调行业共性技术研究；三要成为行业创新的基础；四要培育和发展行业创新文化；五要有较高的研究生比例和较低的师生比。

我国行业特色型高校建设在新中国初期沿用了苏联模式，各个行业在人才培养和技术研发方面也采用垂直方式，各部委根据本行业需求创办了相当数量的高等院校。从 20 世纪末开始，随着我国高等教育管理体制的转变，绝大部分行业特色型高校划归教育部或地方管理，但此后由于诸多原因引发了行业特色型高校的趋同化现象。随着学校扩张，行业特色型高校也不可避免地出现了去行业化的趋势。其主要表现为：一是纷纷更改校名，原来反映行业特色的校名很多已成为历史；二是学科专业覆盖面扩大，招生规模扩大，行业特色专业所占比重下降，部分特色专业失去特色。近几年，随着社会各行业对"专业性人才""专业技术人才"的渴求，以及对高校毕业生"结构性"的反思，行业特色型高校在科技研发和人才培养方面的行业特色重新得到人们的重视。许多高校提出了特色化发展的办学理念，将特色化发展视为学校参与市场竞争、提高办学水平的利器，某种程度上形成了对行业的"回归"。这种回归在某种意义上说明了：特色发展是这类高校的立身之本，也是这类院校实现与综合类院校差异化竞争，占有高等教育领域一席之地的基础所在。从宏观来看，这一认识是符合行业特色型高校及其服务的社会、企业的综合利益的，契合了经济社会发展对这类高校的要求。

### 4. 地方高校

一般来说，我国的高等院校大体可分成两类：一类是国家部委所属的重点大学；另一类是全国各省市资助的普通院校，即地方性高校，也是本书的研究对象。

目前，对于地方高校的概念还没有形成统一的认识。许多学者从各自的角度出发阐述自己的见解，将各种见解综合概括，主要包括以下几个方面：

① 从区域角度看，与中心城市的部委属高校不同，大部分地方高校位于中小城市，一般由地方政府管理；

② 从办学投资主体来看，地方高校主要是在国家统筹指导下，由地方政府投资，社会出资的各类普通高等院校，不仅包括地方公办大学，还包括私立职业学院、继续教育学院和成人学院；

③ 从生源和承担的任务来看，地方高校从地方招收学生，大部分学生毕业后留在本区域就业，服务当地经济发展需要，以服务当地为己任。

综合以上观点，将地方高校的特点概括如下：

① 大部分位于中小城市，受地方政府监管；

② 投资主体是地方政府，但不包括私立大学；

③ 国家财政支持少，主要来自地方财政拨款；

④ 其生源主要来自该地区，大部分学生毕业后，受雇于该地区，为当地经济发展服务；

⑤ 其主要任务是为地方经济服务，培养地方经济发展所需的各类应用型人才，促进地方经济、文化、科技、教育事业的发展。

### 5. 学科与专业

(1) 学科与学科建设

学科（discipline）是科学学的概念，具有多重内涵。国外辞书如《牛津大词典》（第一卷）、《世界辞书》等对其注解主要包含以下几方面：某一科学门类或研究领域，某一方面的教学内容、管教惩罚等。因而，从其本质来看，学科既可以指知识的分类体系和学习的科目，也可以指通过强制方式对人进行培育。根据我国《辞海》的解释，学科有两个含义，一是学术的分类，指一定科学领域或一门科学的专业分支，如自然科学中的天文学、化学、生物学等，社会科学中的史学、教育学等"；二是"教学科目"的简称，即"科目"，学校教学的基本单位。我国学者对学科的定义通常包含以下几个层面：知识的分支，教学的科目，学术的组织和制度。本书所讨论的学科是指知识层面的学科，也就是一个相对独立的知识体系，这是某个研究领域趋于成熟的产物，"称一门知识为学科，即有严格和具有认受性的蕴义"。一般认为，一门学科之所以能被称为学科，需要具备研究组织、独特的研究对象、完整的理论体系及自身的研究方法。

学科建设是高校建设的重心，具体来讲，由三个层面构成。

① 在研究领域层面，学科建设的含义是"通过理论体系的构建，使其制度化"，进而通过学科设置、学科的社会建制，建立起本学科的研究制度和训练制度。

② 就一所高校而言，宏观层面的学科建设是为了优化校内学科结构和学科布局，建设一批有影响力的一流学科，以提高本校学术声誉，内容包括学科和学位点的设置、学科定位和规划、学科结构体系调整等方面。

③ 就高校内部微观层面的具体学科而言，学科建设是指通过学科的分化和综合，一方面增加一级学科下的二级学科，凝练学科方向；另一方面通过学科群的建设促进不同学科的融合、协作、渗透，实现学科研究的深入性和丰富性。

这三个层面彼此相关，互相影响，在不同情况下各有侧重。

(2) 专业与专业建设

专业是社会学的概念。王建华认为，"我国高等学校的专业是以一定的利益分配为基础，以机构设置为载体，以封闭办学为取向的一种课程复合体"。而西方国家的专业(major)指代的是一系列、有一定逻辑关系的课程的组织(program)，相当于一个培训计划或课程体系，专业之间的界限比较模糊。国内学者对专业的理解比较有代表性的是从广义、狭义和特指三个方面出发的。

广义来讲，专业是指具有特定劳动特点的专门职业，尤其是需要高等专门化教育的复杂劳动职业。

狭义的专业指高等学校中的专业，是为培养人才而设置的基本教育单位，包括特定的专业培养目标和课程体系。

特指的专业是作为实体而存在的高等学校中培养人才的单位，包括班级、教师、图书资料、实验室等。

本书所讨论的建筑类高等学校专业是指根据学科门类和社会需要而划分出的专业门类，主要构成要素包括专业培养目标、课程体系、进行教学活动的人及实验室、仪器设备及其他教学资源。

专业建设的过程就是不断提高人才培养质量的过程，具体来讲可以分为两个层面。从高校的层面来看，专业建设的内容主要包括专业设置、调整、布局，以及重点专业的建设与扶持等；具体到某一专业的层面，专业建设则包括制定专业培养目标和课程体系、改革教学方法、改善教学条件等。专业建设一方面是为了培养出符合社会需求的专业人才，因此要关注与社会的联系，不断根据时代的发展进行调整；另一方面，专业建设以学科建设为基础，要遵循学科的发展逻辑，注重科学性和系统性。

**第三节　研究目的和研究意义**

## 一、研究目的

本书研究的目的有三：一是启迪，通过本书研究明确建筑类高校也能在"双一流"的建设中大有作为，而学科专业则是建筑类高校参与"双一流"建设的重要突破口，从而引发社会各界对我国行业特色型高校学科专业的建设发展及存在的问题给予更多关注，为学科专业的发展和完善出谋划策；二是参考，目前针对建筑类高校学科专业建设并没有专门的、系统的研究，通过本书研究，希望为人们系统了解和把握建筑类高校学科专业发展情况提供较为全面的论述资料；三是应用，从"双一流"的视角出发，分析我国建筑类高校学科专业建设存在的问题，针对问题制定符合高校自身特点的学科专业建设发展战略，培育和造就一批具有不可替代性的特色学科和优势专业，从而以特色学科和优势专业为引领充分发挥建筑类高校在"双一流"建设中的重要作用。

## 二、研究意义

### 1.理论意义

本书研究以"双一流"政策打破身份固化，对部委属高校和建筑类高校特别是地方建筑类高校比量齐观，建筑类高校也能凭借自身的特色学科和优势专业在"双一流"建设中积极作为为背景，对建筑类高校的学科与专业建设的现状、存在问题、发展规律等进行研究，探寻适合建筑类高校自身特点的学科专业发展方向，进一步充实建筑类高校学科专业建设工作的理论体系，为人们系统了解和把握建筑类高校学科专业发展情况提供较为全面的论述资料。

### 2.实践意义

本书以建筑类高校为具体研究对象，对高校的学科专业建设现状加以分析，揭示学科和专业建设存在的问题，了解"双一流"战略对建筑类高校学科专业发展所提出的要求，针对问题，从区域经济社会发展和高校自身传统优势出发，制定适合高校自身特点的学科专业建设发展战略，培育和造就一批具有不可替代性的特色学科和优势专业，努力在建设一流学科和专业上实现突破，引领学校发挥优势、办出特色，在"双一流"的建设中有所作为。

# 第二章
# 建筑类高校一流学科和一流专业建设的理论基础

## 第一节　学科建设与专业建设的关系

本书将学科建设与专业建设合称为学科专业建设。学科建设和专业建设虽然是两个不同的概念，但大多数情况下它们是有关联的，二者间的联系与区别并存。

### 一、学科建设与专业建设的区别

有关学科建设的内涵，将不同学者的叙述进行总结，可以概括为：学科建设是依据学科的定位、队伍和基地，凭借软件的积攒和硬件的投入，提升学科的水平，推进科学研究，加强人才培养和提高社会服务能力的一项系统性工程建设。

至于专业建设的含义主要可以概括为三点：申报、建设新专业和改善传统专业。而详细内容则涵盖了很多方面，如专业的分析调整、教学建设、教学管理和改革。需要强调的是，专业建设的中心环节是教学建设。

总体来说，专业建设可谓是一项复杂的系统性工程，主要包括专业调整、新专业的设立、专业的内涵建设等。

学科建设与专业建设的区别可以概括为以下四个方面。

① 建设侧重点不同。学科建设侧重科研，专业建设侧重教学。

② 建设目标不同。学科建设的目标是学术研究成果，专业建设的目标是人才培养。

③ 建设内容不同。学科建设主要包括学科队伍、学科制度、学科组织和科研基地等方面的建设，而专业建设的内容则主要包括教师队伍、课程、教学基础设施等方面的建设。

④ 建设成果评价的标准不同。学科建设的评价标准在于能否产出高水平的学术科研成果，而专业建设将培养出的学生能否满足社会需求作为评价的标准。

### 二、学科建设与专业建设的联系

学科与专业在实际的建设过程中是紧密相连的，都包含队伍、基地、制度等方面的建设。学科建设和专业建设虽然在要求上有所差异，但二者在资源的使用上，大多时候都是通用和共享的。总体来说，学科即专业发展的根基，而专业则是学科培养人才的基地。学科建设对专业建设的作用主要体现为，前者为后者提供高水准的教师队伍、教学内容和教学科研基地等。

因此，学科建设在专业建设中的作用决定了前者包含后者，甚至有时学科建设就是指学科专业建设或专业建设。本书将学科建设与专业建设连起来，统称为学科专业建设，具体内容包含学科体系、学科群建设以及专业建设。

本书中的学科建设与专业建设是紧密相连的。由于经济水平和地理位置的不同，建筑类高校（建筑类"老八校"、建筑类"新八校"除外，但包括西安建筑科技大学、沈阳建筑大学、深圳大学，下同）与国内其他院校相比，在规模、质量和结构等方面仍未实现协调发展，学科建设水平不高，大多存在建设规划不合理、特色和优势不明显等问题。所以，现阶段建筑类高校参与"双一流"建设是以专业建设为主，随后再逐渐健全学科建设。因此，本书在对建筑类高校学科专业建设现状的分析研究中以专业建设研究为主。另外，需要加以说明的是，本书的研究对象是建筑类高校本科的学科专业，并不包含专科的学科专业。

# 第二节　学科专业建设的原则和要素

学科专业建设是高等教育建设的第一位，主要包含规划建设、队伍建设、内涵建设、机制建设等基本要素，各大高校必须予以重视，并严格遵守学科专业建设的相关原则。

## 一、学科专业建设的原则

### 1. 服务经济原则

学科专业建设的第一原则是服务经济原则。教育遵循为社会经济服务的原则，培养经济发展所需的各类应用型人才，而人才的培养又是通过学科专业建设来达成的。因此，学科专业建设应遵循服务经济的原则，满足地区经济发展的需要。

### 2. 实事求是原则

学科专业建设作为一项系统性的建设工程，需要内外条件的协调与保障。因此，高校要从现实情况出发，实事求是地推动学科专业建设。高校从社会需求和学校的现实情况出发，确定自己办学的方向和宗旨，是学科专业建设的前提。此外，在学科专业建设工作的开展中还要从实际出发，制定科学合理的发展规划。

### 3. 与时俱进原则

学科专业建设与变化发展着的外部世界有着十分密切的联系。所以，学科专业建设要坚持与时俱进，积极响应国家重大教育政策的号召，不断优化调整学科专业结构，将经过归纳整理的科研动态、国内国外经济发展信息等增添到专业内容中，将学科专业建设进行调整，从而进一步满足社会经济和学校发展的需求。

## 二、学科专业建设的要素

### 1. 规划建设

规划建设是指高校根据高等教育生存的现状和发展的趋势，形成较为明确的发展理念，使学校能够有效满足社会与学生需要的宏观管理及决策过程。规划建设对于学科专业建设而言是十分重要的要素，为了更好地推进学科专业建设，高校势必要制定科学合理的发展规划。

### 2. 机制建设

规范的机制建设为学科专业建设的健康发展提供了重要保障。高校要建立相应的管理制度并拟定可实施的种种条例，使制度在管理过程中得到贯彻落实，从而做到学科专业管理的科学化和规范化。与此同时，为了确保学科专业建设的健康发展，还要健全学科专业建设的监督机制。

### 3. 队伍建设

教育大计，教师为本。学科专业建设归结到根本上还是教师队伍的建设。学科专业建设中最重要的建设之一便是师资队伍建设。建设一支教学水平高、科研实力强、结构合理的教师队伍是高校学科专业健康快速发展的重要保障。

### 4. 内涵建设

学科和专业二者的内涵建设有所差异。就学科的内涵建设而言，主要包括重点实验室及重点学科的设置。就专业内涵建设而言，主要包括专业的师资、目标、课程体系和设备四个要素。这四个要素既互相独立又密切联系，形成了一个有机整体。

## 第三节　建筑类高校学科专业建设的应然定位

### 一、应培育自己的学科专业优势

学科实力主要由学科平台、学科人才队伍、学科文化重点要素构成。学科实力具体体现为学科竞争力。在"双一流"的建设背景下，我国建筑类高校务必要提高学科实力，培植学科特色优势，加强学科竞争力。具体而言，其在学科专业建设过程中要做到如下三点。

① 明确定位，制定科学规划。学科专业定位是学科专业建设的基础，只有弄清学科专业的结构、类型、功能和服务面向，才能制定科学的建设发展规划，依照学科专业需要构建高质量人才队伍，有效发挥学科平台在人才培养、人才聚集和引导学科专业发展方面的作用，从而增强学科竞争力。

② 合理配置资源，重点建设优势学科专业。任何一所高等院校都不可能占据全部学科领域，根本原因在于学科建设的资源是有限的，而学科专业的建设又是无限的。所以，建筑类高校在学科专业建设过程中，要把有限的资源加以合理的整合与配置，进行重点建设，在优势特色学科专业的建设上其资源供给应该有所倾斜。

③ 重视学科创新，维持学科竞争的优势。学科创新大致包括制度、文化和管理等方面的创新。增强学科竞争力，需要推动学科制度创新、理顺学科管理体制，营建激励创新的学科文化。

### 二、应打造自己的学科专业特色

学科特色即学科在长久的发展进程中形成的在某一方向或研究领域上的社会

贡献和学术水平得到社会一致认同的个性特质。一个学科的"竞争之本"和"立足之根"体现在这个学科的"特色"上。从世界一流学科的形成规律来看，特色学科虽然不一定能够成为一流学科，但一流的学科必然是有特色的。所以，建筑类高校要在"双一流"的建设背景下以打造学科特色谋发展，具体可以从以下两点着手。

一是立足地方需求，打造学科特色。建筑类高校的学科专业建设要与当地的特色产业、文化和资源相联合，解决地区经济发展所遇到的种种难题，力图通过服务地区经济来打造学科特色。

二是实行错位化发展战略，打造学科专业特色错位发展是指建筑类高校在学科专业建设中凭借自身优势开拓特有的学科专业建设路径。

## 三、应提高学科专业服务地方的水平

学科贡献主要指以学科为载体，通过履行人才培育、学术研究、社会经济服务等高等教育职能，推动地方经济社会发展。所谓"有为才能有位"，建筑类高校要想获得政府和社会各界的政策、经费支持，必须要对社会经济的发展做出贡献。而提高建筑类高校学科专业服务地方社会经济发展的能力，必须做到以下三点。

一是提高学科建设与地方经济社会发展需要的契合度。教育部原副部长杜玉波在 2017 年中国高等教育学会学术年会暨高等教育国际论坛上的讲话中指出："学科专业与经济社会发展需要的一致性是一个衡量高校学科现代化水平的首要标准。"建筑类高校的学科与专业建设要以当地经济发展的实际需求为指引，处理好学科建设的稳定性与动态性的关系，科学调整学科建设的规模、结构和水平，确保人才培养水平与当地经济社会发展的需要相符合。

第二，制定学科建设长期规划，充分发挥学科建设对社会经济发展的引领作用。学科建设不仅要与当前地方经济社会发展的需要相适应，还要考虑地方经济未来发展的需要，预见未来经济社会发展的需要，提前做好学科建设规划，变被动适应为主动引领。

第三，加强国际学术交流与合作，加大学科专业为地方社会经济发展服务的广度和深度。

# 第四节　理论基础

## 一、高等教育系统理论

高等教育系统论的创立者 L.V.贝塔朗菲（L. V. Bertalanffy）提出系统就是"处于彼此相互作用的要素的复合体"，要素同系统内外部处在相互联系的状态中，决定了系统的性质。他主张要将所研究的事物看成一个整体，分析它的系统、要素和环境之间的关系以及变动规律，研究适用于一切综合系统的范式、规则和轨迹，深入探析整体与整体，整体与部分以及部分与部分的关系，以此来指导事务的发展。美国学者 Robert L. Flood、Michael C. Jackson 认为系统就是一些要素依照某种特殊方式发生作用，形成相互依存、补充以及制约的关系。

按照高等教育系统理论，可以将学科和专业看成一个系统，学科建设和专业建设则是地方高校大环境中的两个子系统，通过了解学科专业建设内外部各要素之间存在的联系以及其相互作用的方式，积极促使高校学科专业内涵建设与学科专业调整需要与系统外部环境保持联系，最终建立高校、政府、市场之间的动态平衡，明确学科专业调整与优化的宏观思路。

## 二、专业周期理论

专业周期理论是将产品生命周期理论应用到高等教育专业建设上。产品生命周期理论是 1966 年美国哈佛大学教授费农在《产品周期中的国际投资与国际贸易》一文中首次提出来的。他认为：产品生命是指产品的营销生命，和人的生命一样，要经历形成、成长、成熟、衰退这样的周期。而专业发展的周期也是如此。专业周期理论是将一个专业的发展历程分为形成期、成长期、成熟期和衰退期四个阶段。也就是每一个专业的生命周期都会经历这四个阶段，如图 2-1 所示，具体阐述如下。

（1）形成期

形成期指的是前期高校洞察社会和市场在发展过程中的需求倾向，并且将潜在需求转化为实际需求，根据学校的办学情况而开办市场和时代发展的新专业。这是一个专业兴起的形成期。

（2）成长期

成长期是逐渐扩大的市场需求进一步促进了新兴专业的发展，为专业的发展增加了新的发展动力。

（3）成熟期

专业发展的第三个阶段是成熟期，在这个阶段中市场需求基本稳定，供需已经达到平衡的状态，因此专业发展开始逐渐处于稳定状态。需要注意的是，专业发展处于该时期的时间最长。

（4）衰退期

衰退期是指随着社会和时代的发展，市场对于人才的需求也产生了转变，原有的知识或专业人才已不能满足社会经济的发展，导致原有的专业设置规模日益缩小或逐渐被其他专业代替或结合时代发展要求通过改革与其他专业合并，从而进入一个新的发展周期。

虽然学科建设相比于专业建设更具有一定的稳定性，但对地方高校的学科专业建设与优化时必须紧紧依附于社会经济发展的大背景，时时洞察专业市场发展倾向，及时掌握社会对人才类别的需求，将多样化的社会需求转化为地方高校学科专业建设与调整优化的目标和动力，结合高校自身的办学定位以及办学特色，在"双一流"建设背景下科学合理地进行学科专业建设与优化。

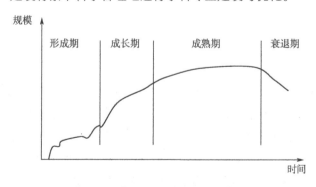

图2-1　专业周期发展过程示意图

## 三、"学科—专业—产业链"理论

"学科—专业—产业链"理论是指依附于一定的产业链，以为产业服务为主要目的而形成的相关学科专业与产业之间互相联系的一系列联合体。首先，学科和专业的设置与发展既可以为企业培养所需人才，又可以为企业的发展提供知识和技术层面的支持；其次，反过来产业的发展又可以为学科专业提供物质基础，例如，可以为相应学科和专业的发展提供专门的技术指导人员、启动资金、实验实习的场地等。总之学科专业和产业之间存在互动、双赢的关系。打破它们之间的壁垒，相互学习，共享资源与发挥各自的优势是"学科—专业—产业链"理论的核心，可以将它们视为知识、人才、技术的结合，其目的在于实现从知识到技术的转化，发挥知识的经济功能，从而提高产业的经济效益。"学科—专业—产业链"的相互融合实际上分为三个层级（图2-2）。学科—专业—产业链的绩效，对于企业来说就是技术创新的绩效；它的核心层是复合组织内部不同主体间的知识转移，知识转移的顺利进行有赖于"学科—专业—产业链"中各异质组织进行融合；中间层则是连接"学科—专业—产业链"绩效和知识转移活动的联合体，包括为促进知识转移而投入的各种资源、设定的各种组织制度、建立的相互之间的关系等。

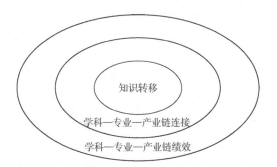

**图 2-2  "学科—专业—产业链"的融合层级**

随着知识经济的发展，当今的社会慢慢变成了一个知识产业化和产业知识化的社会。为了顺应时代发展的要求，所有高等教育学校或机构都必须充分利用知识，开发知识，在生产知识的同时又要注重消费知识，既要传播知识也要转化知识。在这样的情况下"学科—专业—产业链"一体化发展顺应时代而产生。联系到本书的研究内容，进行学科专业建设就是要将学科建设和专业建设协同起来，作为一个整体来研究，通过良好的学科建设来提高培养学生的研究创新能力，以便更好地服务产业的发展。学科、专业最终与产业相互作用，共同发展，这与"学科—专业—产业链"理论的目标不谋而合。因此在促进建筑类高校学科专业发展时要注重完善产学研合作人才的培养机制，这样才能形成完整的"学科—专业—

产业链"，实现地方高校的良性发展。

## 四、系统论

系统论指任何事物都可被看作一个整体，与此同时，这个整体是一种相互联系的关系，然而，其中又有相互联系且制约的多个子要素，这便构成了一个系统。系统论也有着整体的特性，它是由系统中各个要素积累而成的，这些要素又具有相互联系的关系，而各要素简单运算相加的总和却小于这些整体相互叠加。关联性则指在这些整体中的各个要素之间、要素与整体之间、部分与部分之间都是一种相互影响和制约、彼此作用的关系。由此可见，这些要素间的关系又同时揭示了系统的复杂性。此外，层次性则更多是指很多个要素能够构成一个系统，并且这些系统以及系统自身通过连接便又能成为这一大系统中的另一个子要素。因此，其在统一过程之中或许会出现此类或彼类的存在方式，但结果的最终趋势则是相同的。

综上所述，学科专业的建设也可以被看作一个系统，这个大系统包含了人才、科学研究、师资等重要因素，这些因素都对一流学科和一流专业的建成起到重要的作用，在作用过程中，还会相互影响。以此为基础，该理论主要在人才培养、科学研究、教师队伍建设、文化塑造、社会服务等方面发挥耦合作用，以实现各类优秀毕业生、科研成果等的高水平输出。

## 五、激励理论

激励理论是关于如何满足人的各种需要、调动人的积极性的原则和方法的概括总结。所谓动机，是指刺激人的内在行动的力量，在激发人的动力和创造性的同时，充分发挥人的智慧，使其按照所期望的目标方向前进。人在满足最基本的需求之后，便会有更高层次的需求。

因此，我们便可以从人的需求这个视角来进行分析，怎样才能将人才队伍的积极性调动起来，建设一流学科和一流专业，形成汇集高端人才、创新研究成果、拥有过硬素质人才和高度贴合社会服务的学科等，都需要人的参与。比如，在高校的一流学科和一流专业建设的过程中，同样需要师资队伍成员充分发挥他们的主观能动性，而对于在师资队伍中的学科专业带头人而言，他们看重的则不再是这些最基本的需求可否得到满足，而是更高的需求能否可以得到满足。

这就需要同时把握学科专业队伍中每个成员的需求，进而最大限度地发挥他们的能力。

## 六、治理理论

治理是个人或机构经营管理相同事务的诸多方式的总和，与其他办法有所不同，治理是多元利益主体相互协商后得出解决办法。行业特色型高校立足属地，服务于地方社会经济发展，和政府形成一种紧密合作关系，解决现实问题促进经济繁荣。行业特色型高校"近水楼台先得月"，有为地方经济培养特色人才的天然优势条件，高校应时刻提醒自己不断塑造独特的优势，凝练相关学科专业，更好地利用资源发展好内生性力量，完善机制。一流学科和一流专业不仅可以服务地方的发展，还可以反过来获得相应的资源。而且一流学科和一流专业的建设和发展，也要和地方基础教育的需要紧密联系起来，在服务地方基础教育的过程中逐渐建成区域一流学科和一流专业。行业特色高校因其独有的非营利性与企业相区别。其在社会发展中存在压力，需要地方和高校相互配合，在人才运用和学科管理等方面形成自己的核心优势，只有这样才能保持持续的竞争力并在社会中获得良好的反馈。

# 第三章
# 中国最具代表性的建筑类高校

第一节　中国建筑类"老八校"

在中国建筑教育发展史中，从 1927 年起，已先后有中央大学、东北大学、北京大学、中山大学、之江大学等十余所大学成立了建筑系。中华人民共和国成立之初，经过院系调整和重新部署，全国（除台湾、香港、澳门外）共有八所大学设有建筑系：清华大学、南京工学院（今东南大学）、同济大学、天津大学、华南工学院（今华南理工大学）、重庆建筑工程学院（今重庆大学）、哈尔滨建筑工程学院（今哈尔滨工业大学）、西安冶金建筑学院（今西安建筑科技大学，前身东北大学建筑系）。这八所院校就是业界俗称的建筑类"老八校"。这八所大学又有"四大""四小"之分。"四大"为清华大学、同济大学、东南大学、天津大学；"四小"为华南理工大学、重庆大学、哈尔滨工业大学、西安建筑科技大学。

这八大高校地处东西南北中，各据一方，各有特色，每所学校都有自己的专长。建筑类"老八校"培养了大量的土建类优秀人才，其建筑学一级学科排名均在全国院校前列，专业实力毋庸置疑，在中国建筑界的地位无人能撼。对于很多建筑专业的人来说，"老八校"的出身是一块就业的敲门砖。

### 1. 清华大学

清华大学是中国著名高等学府，是中国高层次人才培养和科学技术研究的重要基地。清华大学的前身是清华学堂，成立于 1911 年。截至 2022 年，清华大学设有 21 个学院、59 个系，已成为一所具有理学、工学、文学、艺术学、历史学、哲学、经济学、管理学、法学、教育学和医学等学科门类的综合性、研究型、开放式大学。

清华大学建筑学院的前身是清华大学建筑系，由著名建筑学家梁思成先生创办于 1946 年 10 月；1988 年成立建筑学院，设有建筑系和城市规划系；2001 年 4 月，原暖通空调专业从热能系并入建筑学院，组建建筑技术科学系；2003 年成立景观学系。目前，建筑学院设有 4 个系，即建筑系、城市规划系、景观学系和建筑技术科学系。

2010 年，清华大学建筑学院参加了由清华大学组织进行的学科发展国际评估，其建筑学科被国际评估专家认为达到世界高水平；据此，清华大学建筑学院明确提出了"立足中国特色、培养建筑人才、跻身世界一流"的新时期发展目标。2011 年教育部学科目录调整，原建筑学一级学科调整为建筑学、城乡规划学、风景园林学三个一级学科；在 2017 年进行的第四轮全国学科评估中，清华大学建筑学、城乡规划、风景园林学均获得 A+ 的最优评级。在 2015 和 2016 年的 QS 世界大学学科排名中，清华大学建筑学院连续两年保持全球排名第八，跻身世界一流。

### 2. 东南大学

东南大学是教育部直属的全国重点大学，由教育部和江苏省共建，是国家"双一流" A 类、"985 工程"、"211 工程"学校，入选"2011 计划"、"111 计划"、卓越工程师教育培养计划、卓越医生教育培养计划、国家大学生创新性实验计划、国家级大学生创新创业训练计划、国家建设高水平大学公派研究生项目，是全国深化创新创业教育改革示范高校、学位授权自主审核单位。

东南大学建筑学院，前身为国立中央大学建筑系，创立于 1927 年，是中国现代建筑学学科的发源地。1952 年全国高校院系调整后成为南京工学院建筑系，1988 年随学校更名为东南大学建筑系，2003 年组建东南大学建筑学院。

学院下设三个系和四个研究所，即建筑系、城乡规划系、景观学系、建筑历史与理论研究所、建筑科学与技术研究所、美术与设计研究所、建筑运算与应用研究所。

中国著名建筑教育先驱刘福泰、鲍鼎、卢树森等先生先后执掌建筑系，著名建筑家杨廷宝和刘敦桢、童寯教授等曾长期在该系任教和主持工作。其中杨廷宝还是中国建筑学会理事长，国际建筑师学会副主席。东南大学拥有国内一流的学科实力和水平。2001 年，建筑设计及其理论、建筑历史与理论双双被评为国家重点学科（并列全国第一，占全国同类学科的 1/3），2007 年评为建筑学一级学科国家重点学科（全国仅有的四校之一）。2008 年，建筑学在国家一级学科评估中，位列全国第三（并列）；2012 年，建筑学在国家一级学科评估中，位列全国第二。

2011 年，学院获得建筑学、城乡规划学、风景园林学三个一级学科博士点和美术学一级学科硕士点，设有博士后流动站。构建了地域性建筑创作和城市设计、城镇建筑遗产保护、冬冷夏热地区建筑技术集成和数字技术应用等科技创新平台，基本形成科学合理的学科布局。

东南大学建筑学院的建筑学、城乡规划学、风景园林学等学科实力在全国都是一流。在 2012 年教育部一级学科评估中，建筑学名列全国第二，城乡规划学名列全国第三，风景园林学名列全国第二。

本学科所在学院是全国高等院校建筑学学科专业指导委员会历届主任挂靠单位，一直是国家"985 工程"和"211 工程"重点建设的学科。

### 3. 同济大学

同济大学是教育部直属，教育部与国家海洋局、上海市共建的全国重点大学；中央直管副部级建制高校，国家"世界一流大学建设高校"，国家"211 工程"和"985 工程"建设高校；入选国家珠峰计划、强基计划、"2011 计划"、"111计划"、卓越工程师教育培养计划、卓越法律人才教育培养计划、卓越医生教育培养计划、国家大学生创新性实验计划、国家建设高水平大学公派研究生项目、中国政府奖学金来华留学生接收院校、国家级大学生创新创业训练计划、国家创新人才培养示范基地、新工科研究与实践项目、全国深化创新创业教育改革示范高校、中美"10+10"计划，是首批学位授权自主审核单位、联合国环境规划署全球环境与可持续发展大学合作联盟主席单位，也是国际设计艺术院校联盟、21 世纪学术联盟、卓越大学联盟、中俄工科大学联盟、中国绿色大学联盟、国际绿色校园联盟、同济—伯克利工程联盟成员。

同济大学建筑工程系前身是 1914 年同济医工学堂的土木科。根据国家需要，建筑工程系经历多次变动。1952 年高等院校院系调整，前交通大学、复旦大学、圣约翰大学等 11 所院校的土木建筑系科并入同济大学，同济大学成为以土木建筑学科为主的学校，设立了结构系、铁路公路系、上下水道系、测量系等五个土木建筑学科的系。结构系就是现在建筑工程系的前身，1958 年更名为建筑工程系。1980 年建筑工程系扩大为土建结构工程系，1982 年改为结构工程系。1987 年成立结构工程学院，结构工程系又改名为建筑工程系。1996 年原上海建材学院、上海城市建设学院的建筑工程系并入。2000 年原上海铁道大学土木学院建筑工程专业并入。

### 4. 天津大学

天津大学坐落于天津市，是教育部直属的首批全国重点大学，副部级大学，国家首批"世界一流大学建设高校 A 类"、国家首批"211 工程"和"985 工程"重点建设高校，中国工程院和教育部 10 所工程教育改革试点高校之一，首批学位授权自主审核单位，入选国家强基计划、2011 计划、111 计划、卓越工程师教育培养计划、国家大学生创新性实验计划、国家级大学生创新创业训练计划、国家建设高水平大学公派研究生项目、新工科研究与实践项目、首批高等学校科技成果转化和技术转移基地、国家大学生文化素质教育基地、全国首批深化创新创业教育改革示范高校，建筑类"老八校"之一，是中国—东盟工科大学联盟、中国与中欧国家科技创新大学联盟创始成员。

天津大学建筑系的办学历史可上溯至 1937 年创建的天津工商学院建筑系，至今已有 80 余年的历史。1952 年，全国高校院系调整后，津沽大学建筑系（原天津工商学院建筑系）、北方交通大学建筑系（原唐山工学院建筑系）与天津大学土木系共同组建了天津大学建筑工程系。

### 5. 华南理工大学

华南理工大学地处广州，是教育部直属的全国重点大学，校园分为五山校区、大学城校区和广州国际校区，是首届"全国文明校园"单位。学校办学历史源远流长，最早可溯源至 1918 年成立的广东省立第一甲种工业学校；正式组建于 1952 年全国高等院校调整时期，为新中国四大工学院之一；1960 年成为全国重点大学；1981 年经国务院批准为首批博士和硕士学位授予单位；1993 年在全国高校首开部省共建之先河；1995 年进入"211 工程"行列；2001 年进入"985 工程"行列；2017 年入选"双一流"建设 A 类高校名单。

华南理工大学建筑系历史悠久，前身为创建于 1932 年的勤勤大学以及 1938 年并入的国立中山大学工学院。1952 年组建华南工学院建筑系。在亚热带建筑设计、亚热带城市规划设计、岭南风景园林、建筑与文化研究、古建筑文物保护修复、岭南民居研究、亚热带建筑技术科学等方面办出了特色，形成了优势。拥有全国唯一的建筑学国家重点实验室。

### 6. 哈尔滨工业大学

哈尔滨工业大学始建于 1920 年，1951 年被确定为全国学习国外高等教育办学模式的两所样板大学之一，1954 年进入国家首批重点建设的 6 所高校行列，曾被誉为工程师的摇篮。

学校于 1996 年进入国家"211 工程"首批重点建设高校行列，1999 年被确定为国家首批"985 工程"重点建设的 9 所大学之一，2000 年与同根同源的哈尔滨建筑大学合并组建新的哈尔滨工业大学，2017 年入选"双一流"建设 A 类高校名单。

哈尔滨工业大学的建筑学学科是我国最早建立的建筑学科之一，建筑学院与哈尔滨工业大学同步成长，已走进新的发展时期。

### 7. 重庆大学

重庆大学是教育部直属的全国重点大学，国家"211 工程"和"985 工程"重点建设的高水平研究型综合性大学，国家"世界一流大学建设高校（A 类）"。

学校创办于 1929 年，在 20 世纪 40 年代就发展为拥有文、理、工、商、法、医 6 个学院的国立综合性大学。经过 1952 年全国院系调整，成为国家高教部（高教部 1958 年并入教育部）直属的、以工科为主的多学科性大学。1960 年被确定为全国重点大学。改革开放以来，学校大力发展人文社科类学科专业，促进了多学科协调发展，逐步发展为综合性研究型大学。1998 年，学校成为国家"211 工程"首批重点建设高校。2000 年 5 月，原重庆大学、重庆建筑大学、重庆建筑高等专科学校三校合并组建成新的重庆大学。2001 年，学校成为"985 工程"重点建设高校。2004 年，学校被确定为中管高校。2017 年 9 月，学校入选国家"世界一流大学建设高校（A 类）"。

重庆大学建筑学专业的办学历史可以追溯到 1935 年，创办于重庆大学工学院，与土木工程学科相结合。抗战时期，中央大学由南京迁至重庆大学松林坡，与重庆大学建筑系比邻，在教学发展中相互支持、成长，得以壮大。抗战胜利后，中央大学迁回南京，留下的人员、教学设备、教学环境补充和壮大了重庆大学建筑系的师资队伍和教学实力。1952 年全国院系调整，原重庆大学、西南工专等院校的建筑系合并成重庆建筑工程学院建筑系，是国内最早的八大建筑院系之一。1994 年重庆建筑工程学院更名为重庆建筑大学，建筑系更名为建筑城规学院。2000 年新重庆大学组建后，更名为重庆大学建筑城规学院。

### 8. 西安建筑科技大学

西安建筑科技大学坐落于历史文化名城西安，现有雁塔、草堂两个校区和一个科教产业园区。学校办学历史悠久、底蕴深厚，最早可追溯到始建于 1895 年的天津北洋西学学堂，1956 年全国高等院校院系调整时，由原东北工学院、西北工学院、青岛工学院和苏南工业专科学校的土木、建筑、市政系（科）合并而成，是我国近代高等教育史上最早的一批土木、建筑、环境类系（科），时名西安建筑工程学院，是新中国西北地区第一所本科学制的建筑类高等学府，我国著名的土木、建筑"老八校"之一，是原冶金工业部直属重点大学。1959 年和 1963 年，学校先后易名为西安冶金学院、西安冶金建筑学院；1994 年 3 月 8 日，经原国家教委批准，更名为"西安建筑科技大学"。1998 年，学校划转陕西省人民政府管理，现为"国家建设高水平大学项目"和"中西部高校基础能力建设工程"实施院校，陕西省重点建设的高水平大学，陕西省、教育部和住房城乡建设部共建高校。

西安建筑科技大学是"老八校"中唯一一个既不是"211 工程"也不是"985工程"的高校。

# 第二节　中国建筑类"新八校"

建筑类专业在高考报名中一直占有较高比例，其火热的原因主要是近些年来经济发展迅速，建筑行业快速发展，相关专业人才变得很抢手，在大学毕业生就业严峻的情况下，建筑类专业毕业生还能保持一个不错的就业率与就业质量。所以，建筑类专业变得炙手可热，国内高校建筑类专业众多，除了有名的建筑类"老八校"外，还兴起了建筑类"新八校"，其中 6 所都是"985 工程"学校，整体实力和建筑类"老八校"不差上下。

## 1. 浙江大学

浙江大学建筑系以"建筑学"一级学科为设置基础，前身为浙江大学土木工程系建筑学专业，创办于 1958 年。建筑学科拥有建筑设计及其理论、城市规划与设计、建筑历史与理论、建筑技术科学 4 个专业的硕士学位授权点，2003 年获得建筑设计及其理论博士授权点。在原有 4 个二级硕士学位授权点，建筑设计及其理论博士授权点的基础上，2005 年获得建筑学一级学科硕士学位授权点，2010 年又获得了建筑学一级博士授权点。2004 年、2011 年均获得全国建筑学专业教育评估优秀级（7 年有效，含硕士生教育），是目前国内少数获得 7 年有效优秀级的建筑院系之一。

## 2. 湖南大学

湖南大学位于湖南长沙，建筑与规划学院的历史可追溯至湖南高等学堂于1905 年所设的土木学科，后有两位中国著名的建筑学家——刘敦桢、柳士英在此主持教育，1929年创办建筑学专业，是国内最早创办的建筑学专业之一。1960年该校设立五年制建筑学专业，1962年招收建筑学专业研究生，是国务院授权的国内第一批建筑学研究生招生院校之一。学院下设建筑、城乡规划、景观学、环境艺术4个系，建筑历史与理论、建筑技术2个研究中心，1个实验中心和湖南大学城市建筑研究所、湖南大学南方村落文化研究所、湖南大学建筑节能与绿色建筑研究中心。

### 3. 沈阳建筑大学

沈阳建筑大学是以建筑、土木等学科为特色，以工科为主，多学科门类协调发展的省部共建高等学校。学校现有建筑学、城乡规划学、风景园林学、土木工程、机械工程5个博士学位授权一级学科，土木工程、机械工程、建筑学3个博士后科研流动站，16个硕士学位授权一级学科，16个硕士专业学位授权点。在2017年全国第四轮学科评估中，该校建筑学一级学科被评为B类学科。

### 4. 大连理工大学

大连理工大学建筑与艺术学院成立于2002年7月，发展历史可以追溯到1949年大连工学院建校初期的土木系建筑工程专业组。学院现有建筑学、城乡规划学、环境设计、视觉传达设计、雕塑、工业设计六个本科专业。建筑学专业是国家首批高等学校特色专业建设点，辽宁省本科示范性专业，并通过了全国高等学校建筑学专业教育优秀评估。在教育部组织的全国高校第四轮学科评估中，该校建筑学获评B类。

### 5. 深圳大学

深圳大学是一所年轻的大学，也是一所创新型大学，不仅拥有强大的资金支持，还有清华、北大、人大等知名院校援建，其工程学、临床医学、计算机科学、化学等6个学科进入ESI全球前1%，发展迅猛，虽然没有名牌院校的头衔，但实力不容小觑。

### 6. 华中科技大学

华中科技大学的建筑与城市规划学院由原华中理工大学建筑学院和原武汉城市建设学院规划建筑系于2000年5月合并而成。学院拥有建筑学、城乡规划学、风景园林学、设计学及艺术学5个一级学科。建筑学为湖北省重点学科，建筑学专业在1999年、2003年、2007年、2014年四次通过全国高等建筑学专业教育评估，并最终获得优秀级，具有国际认证的建筑学专业学位（BARCH及MARCH）

授予权。在全国第四轮学科评估结果中，该院的建筑学一级学科获评 B+。

### 7. 上海交通大学

上海交通大学也是一所老牌名校，该校建筑学专业办学较早，1907 年就成立了建筑工程专业，是中国历史上最早设立的建筑学专业之一，之后学科发展一直不错。学校本身实力雄厚，再加上得天独厚的地理位置，资源平台广阔，毕业生就业前景很好。

### 8. 南京大学

南京大学的建筑与城市规划学院拥有建筑学和城乡规划学两个一级学科，是一所以培养高层次建筑设计、城市设计、景观规划与设计，以及城市与区域规划方面专业人才为目标的学院。学院现拥有建筑学和城乡规划学两个一级学科博士点，建筑学和城乡规划学两个一级学科硕士点，以及建筑与土木工程领域工程硕士点，学生作品获得国内外竞赛奖项 100 余项。南京大学建筑学一级学科在全国第四轮学科评估中获评 B 类。

## 第三节　中国建筑类十二所著名地方高校

### 1. 北京建筑大学

北京建筑大学是北京市、住房和城乡建设部共建高校，也是北京地区唯一一所建筑类高等学校。学校起源于 1907 年创立的京师初等工业学堂，2013 年正式更名为北京建筑大学。在教育部第四轮学科评估中，该校建筑学、土木工程、城乡规划学被评为 B 类学科。国家级特色专业有：建筑学、土木工程、建筑环境与设备工程。

### 2. 山东建筑大学

山东建筑大学是一所以工科为主，土木建筑学科为特色的综合性大学。学校肇始于 1956 年建立的济南城市建设工程学校，其后历经山东建筑学院、山东建筑学校等发展时期，2006 年经教育部批准，更名为山东建筑大学。在教育部第四轮学科评估中，该校建筑学、土木工程、城乡规划学被评为 B 类学科。国家级特色专业有：建筑学、电气工程与自动化、土木工程、艺术设计。

### 3. 青岛理工大学

青岛理工大学是一所以工科为主,理工结合的大学,是土木建筑、机械制造、环境能源学科特色鲜明,理、工、经、管、文、法、艺多学科协调发展,科学教育与人文教育相结合的多学科性大学。学校是山东省重点建设的应用基础型人才培养特色名校。学校前身是 1952 年 12 月创建的"山东省青岛建筑工程学校"。1985 年 9 月更名为"青岛建筑工程学院"。1993 年被国务院学位委员会批准为硕士学位授予单位。1998 年 11 月划转山东省领导,实行"中央与地方共建,以地方管理为主"的管理体制。2004 年 5 月更名为"青岛理工大学"。国家级特色专业有:土木工程、机械设计制造及其自动化、建筑学、给水排水工程。

### 4. 南京工业大学

南京工业大学是由国家国防科技工业局、住房和城乡建设部与江苏省人民政府共建的一所多学科性大学。学校由原南京化工大学与原南京建筑工程学院于2001 年合并组建而成。其一源头可追溯到创建于 1902 年的三江师范学堂,后历经两江师范学堂、南京高等师范学校、国立东南大学、国立第四中山大学、江苏大学、国立中央大学、国立南京大学、南京大学、南京工学院和南京化工学院等历史时期;另一源头可追溯到同济医工学堂于 1915 年创建的附设机师科,后历经国立同济大学附设高级职业学校、国立同济大学附设高级工业职业学校、同济高级工业学校、南京建筑工程学校等历史时期。国家级特色专业有:土木工程、建筑学、工程管理、安全工程、生物工程、化学工程与工艺、计算机科学与技术、材料科学与工程、过程装备与控制工程。

### 5. 安徽建筑大学

安徽建筑大学是安徽省与住房和城乡建设部共建的一所以土建类学科专业为特色的多学科性大学。学校创办于 1958 年,历经安徽建筑工程学校、安徽建筑工业学院、合肥工业大学建筑分校等办学时期,2013 年正式更名为安徽建筑大学。在教育部第四轮学科评估中,城乡规划学专业被评为 B-学科。国家级特色专业有:土木工程、城市规划、无机非金属材料工程、工程管理。

### 6. 天津城建大学

天津城建大学是天津市属普通高等学校。学校始建于 1978 年,前身为天津大学第四分校。在教育部第四轮学科评估中,该校土木工程、城乡规划学、管理科学与工程被评为 C 类学科。国家级特色专业：土木工程。

### 7. 吉林建筑大学

吉林建筑大学是吉林省人民政府与住房和城乡建设部共建的普通高等学校。学校前身是 1956 年国家城市建设部创建的长春城市建设工程学校，1960 年升格为本科院校，更名为吉林建筑工程学院，2013 年学校正式更名为吉林建筑大学。在教育部第四轮学科评估中，该校建筑学、土木工程、环境科学与工程、城乡规划学、管理科学与工程被评为 C 类学科。国家级特色专业有：给水排水工程、建筑学。

### 8. 苏州科技大学

苏州科技大学是住房和城乡建设部与江苏省人民政府共建的高校，学校的前身苏州科技学院于 2001 年 9 月由原苏州城市建设环境保护学院与原苏州铁道师范学院合并组建而成。原苏州城市建设环境保护学院（前身是苏州建筑工程学校于 1953 年成立），为建设部直属院校，于 1983 年筹建。原苏州铁道师范学院（前身苏州铁路中学 1951 年筹建）为铁道部直属院校，于 1980 年成立。2000 年两所学校同时被划转到江苏省，实施 "中央与地方共建，以地方管理为主" 的办学管理体制。2016 年 3 月，学校更名为苏州科技大学。国家级特色专业有：城乡规划、土木工程、环境工程。

### 9. 河北工程大学

河北工程大学由河北省人民政府与水利部共建，是河北省国家一流大学建设二层次高校、CDIO 工程教育联盟成员单位。学校前身是 2003 年 4 月 16 日由原河北建筑科技学院（含 2002 年 4 月 5 日并入的华北水利水电学院邯郸分部）、邯郸医学高等专科学校（1951 年创立）、邯郸农业高等专科学校（1975 年创立）合并组建而成的河北工程学院，2006 年 2 月 14 日更名为河北工程大学。国家级特色专业有：资源勘查工程、建筑学、土木工程、采矿工程。

### 10. 福建工程学院

福建工程学院发端于 1896 年清末著名乡贤名士陈璧、孙葆瑢、力钧、著名闽绅林纾、末代帝师陈宝琛创办的 "苍霞精舍"，首开福州近代新式教育之风。1907 年开始举办工科教育，开设了铁路、电报两科，新中国成立前为享有盛誉的 "福建高工"。前身为 1953 年后成立的福建机电学校与福建建筑工程专科学校，两校随时代更迭几易其名，曾于 1961 年分别更名为福建机电学院和福建建筑工程学

院,被誉为福建"建筑业的黄埔军校""机电工程师的摇篮"。2000 年福建高级
工业专门学校与福建中华职业大学合并组建福建职业技术学院,2002 年福建建筑
高等专科学校与福建职业技术学院合并升格为福建工程学院。国家级特色专业有:
土木工程、工程造价、电气工程及其自动化。

## 11. 河南城建学院

河南城建学院是河南省唯一一所以工科为主、以"城建"为特色的多学科协
调发展的省属本科高校。学校前身为 1983 年创建的平顶山城建环保学校,后历经
河南城建高等专科学校、平顶山工学院等历史时期,2008 年更名为河南城建学院。
国家级特色专业有: 建筑环境与设备工程。

## 12. 河北建筑工程学院

河北建筑工程学院,是河北省省属全日制建筑类高等本科院校。学校创建于
1950 年,前身为张家口市技术学校,1978 年正式定名为河北建筑工程学院。国家
级特色专业有: 土木工程、建筑环境和设备工程。

# 第四章

# 建筑类高校一流学科和
# 一流专业建设的现状分析

# 第一节　中国建筑类名校"双一流"建设名单和主要建筑类高校一流专业建设名单

## 一、中国建筑类名校"双一流"建设名单

国家大力推动一批高水平大学和学科进入世界一流行列或前列，加快高等教育治理体系和治理能力现代化，提高高等学校人才培养、科学研究、社会服务和文化传承创新水平，使之成为知识发现和科技创新的重要力量、先进思想和优秀文化的重要源泉、培养各类高素质优秀人才的重要基地，这在实施国家创新驱动发展战略、服务经济社会发展、弘扬中华优秀传统文化、培育和践行社会主义核心价值观、促进高等教育内涵发展等方面发挥重大作用。中国建筑类名校世界一流大学和一流学科建设名单，见表4-1。

表4-1　中国建筑类名校世界一流大学和一流学科建设名单

| 序号 | 学校名称 | 一流建设学科 |
| --- | --- | --- |
| 1 | 清华大学 | 法学、政治学、马克思主义理论、数学、物理学、化学、生物学、力学、机械工程、仪器科学与技术、材料科学与工程、动力工程及工程热物理、电气工程、信息与通信工程、控制科学与工程、计算机科学与技术、建筑学、土木工程、水利工程、化学工程与技术、核科学与技术、环境科学与工程、生物医学工程、城乡规划学、风景园林学、软件工程、管理科学与工程、工商管理、公共管理、设计学、会计与金融、经济学和计量经济学、统计学与运筹学、现代语言学 |
| 2 | 东南大学 | 机械工程、材料科学与工程、电子科学与技术、信息与通信工程、控制科学与工程、计算机科学与技术、建筑学、土木工程、交通运输工程、生物医学工程、风景园林学、艺术学理论 |
| 3 | 同济大学 | 生物学、建筑学、土木工程、测绘科学与技术、环境科学与工程、城乡规划学、风景园林学、设计学 |
| 4 | 天津大学 | 化学、材料科学与工程、动力工程及工程热物理、化学工程与技术、管理科学与工程 |

续表

| 序号 | 学校名称 | 一流建设学科 |
|------|----------|--------------|
| 5 | 华南理工大学 | 化学、材料科学与工程、轻工技术与工程、食品科学与工程 |
| 6 | 哈尔滨工业大学 | 力学、机械工程、材料科学与工程、控制科学与工程、计算机科学与技术、土木工程、航空宇航科学与技术、环境科学与工程 |
| 7 | 重庆大学 | 机械工程、电气工程、土木工程 |
| 8 | 浙江大学 | 化学、生物学、生态学、机械工程、光学工程、材料科学与工程、动力工程及工程热物理、电气工程、控制科学与工程、计算机科学与技术、土木工程、农业工程、环境科学与工程、软件工程、园艺学、植物保护、基础医学、临床医学、药学、管理科学与工程、农林经济管理 |
| 9 | 湖南大学 | 化学、机械工程、电气工程 |
| 10 | 大连理工大学 | 力学、机械工程、化学工程与技术 |
| 11 | 华中科技大学 | 机械工程、光学工程、材料科学与工程、动力工程及工程热物理、电气工程、计算机科学与技术、基础医学、临床医学、公共卫生与预防医学 |
| 12 | 上海交通大学 | 数学、物理学、化学、生物学、机械工程、材料科学与工程、电子科学与技术、信息与通信工程、控制科学与工程、计算机科学与技术、土木工程、化学工程与技术、船舶与海洋工程、基础医学、临床医学、口腔医学、药学、工商管理 |
| 13 | 南京大学 | 哲学、理论经济学、中国语言文学、外国语言文学、物理学、化学、天文学、大气科学、地质学、生物学、材料科学与工程、计算机科学与技术、化学工程与技术、矿业工程、环境科学与工程、图书情报与档案管理 |

## 二、主要建筑类高校一流专业建设名单

国家级一流本科专业建设和省级一流本科专业建设工作分三年完成。每年 3 月启动，当年 10 月公布结果。省级一流本科专业建设方案由各省级教育行政部门制定，按照建设总量不超过本行政区域内本科专业布点总数的 20%，分三年统筹规划，报教育部备案后与国家级一流专业建设同步组织实施。主要建筑类高校一流专业建设名单，见表 4-2。

表 4-2  主要建筑类高校一流专业名单

| 序号 | 学校名称 | 国家级一流专业 | 省级一流专业 |
|---|---|---|---|
| 1 | 西安建筑科技大学 | 建筑学、城乡规划、风景园林、土木工程、城市地下空间工程、给排水科学与工程、环境工程、工程管理、材料科学与工程、材料成型及控制工程、环境设计、建筑环境与能源应用工程、建筑电气与智能化、文化产业管理、冶金工程、交通运输、历史建筑保护工程、工商管理、机械设计制造及其自动化、计算机科学与技术、信息管理与信息系统 | 环境科学、资源循环科学与工程、雕塑、自动化、视觉传达设计、数学与应用数学、采矿工程、应用化学 |
| 2 | 沈阳建筑大学 | 建筑学、土木工程、工程管理、建筑环境与能源应用工程、给排水科学与工程、无机非金属材料工程、机械设计制造及其自动化、计算机科学与技术、机械工程、城乡规划、风景园林、工程造价 | 通信工程、自动化、环境工程、动画、环境设计、建筑电气与智能化、道路桥梁与渡河工程、测绘工程、安全工程 |
| 3 | 北京建筑大学 | 土木工程、建筑环境与能源应用工程、给排水科学与工程、测绘工程、建筑学、工程管理、车辆工程、计算机科学与技术、建筑电气与智能化、环境工程、城乡规划、风景园林 | 车辆工程、计算机科学与技术、城乡规划、交通工程、能源与动力工程、自动化、工程造价、机械电子工程 |
| 4 | 山东建筑大学 | 土木工程、建筑环境与能源应用工程、给排水科学与工程、道路桥梁与渡河工程、建筑学、城乡规划、工程管理、机械工程、测绘工程、工程造价 | 材料成型及控制工程、材料科学与工程、电气工程及其自动化、计算机科学与技术、建筑电气与智能化、风景园林、工商管理环境设计、法学、能源与动力工程、城市地下空间工程 |
| 5 | 青岛理工大学 | 机械设计制造及其自动化、土木工程、建筑环境与能源应用工程、给排水科学与工程、环境工程、建筑学、工程造价 | 应用物理学、材料成型及控制工程、车辆工程、材料科学与工程、自动化、计算机科学与技术、城乡规划、风景园林、安全工程、工程管理、会计学、环境设计 |

续表

| 序号 | 学校名称 | 国家级一流专业 | 省级一流专业 |
|---|---|---|---|
| 6 | 南京工业大学 | 安全工程、测绘工程、电气工程及其自动化、工程管理、过程装备与控制工程、化学工程与工艺、建筑环境与能源应用工程、建筑学、生物工程、制药工程、土木工程、无机非金属材料工程、化学、机械工程、材料科学与工程、高分子材料与工程、能源与动力工程、自动化、计算机科学与技术、给排水科学与工程、城市地下空间工程、交通工程、食品科学与工程、城乡规划 | 地质工程、计算机科学与技术、交通工程、日语、自动化、复合材料与工程、测控技术与仪器、电子信息工程、金融学、英语 |
| 7 | 安徽建筑大学 | 机械设计制造及其自动化、无机非金属材料工程、土木工程、建筑环境与能源应用工程、给排水科学与工程、建筑电气与智能化、城乡规划、工程管理、建筑学、能源与动力工程、房地产开发与管理、电子信息工程、计算机科学与技术、应用化学、高分子材料与工程 | 高分子材料与工程、电子信息工程、建筑学、安全工程、房地产开发与管理、人力资源管理、动画、道路桥梁与渡河工程、勘查技术与工程、风景园林、环境工程、地理信息科学、经济学、声学、测控技术与仪器、电气工程及其自动化 |
| 8 | 天津城建大学 | 土木工程、工程管理、道路桥梁与渡河工程、建筑学、给排水科学与工程、城市地下空间工程排水科学与工程、建筑环境与能源应用工程、房地产开发与管理、机械设计制造及其自动化 | 城乡规划、环境工程、计算机科学与技术、材料科学与工程、土地资源管理、风景园林、能源与动力工程 |
| 9 | 吉林建筑大学 | 建筑学、土木工程、建筑环境与能源工程、道路桥梁与渡河工程、无机非金属材料工程、测绘工程、工程管理、环境设计、给排水科学与工程 | 城乡规划、建筑电气与智能化、城市地下空间工程、地质工程、安全工程、环境工程、交通工程 |
| 10 | 苏州科技大学 | 城乡规划、建筑学、环境工程、给排水科学与工程、土木工程、风景园林、环境科学、工程管理、建筑电气与智能化、历史学、应用心理学、数学与应用数学、视觉传达设计 | 电子信息工程、历史学、数学与应用数学、视觉传达设计、英语 |

续表

| 序号 | 学校名称 | 国家级一流专业 | 省级一流专业 |
|------|----------|----------------|--------------|
| 11 | 河北工程大学 | 计算机科学与技术、水利水电工程、给排水科学与工程、土木工程、水文与水资源工程、测绘工程、工商管理 | 资源勘查工程、建筑学、数据科学与大数据技术、临床医学、勘查技术与工程、机械设计制造及其自动化、采矿工程、园艺、法学、工程管理、化学工程与工艺、食品科学与工程、应用化学、地理信息科学、工程力学、医学检验技术、会计学、英语、电子信息工程、安全工程、护理学、车辆工程、光电信息科学与工程、建筑环境与能源应用工程、农学、经济学、金属材料工程、水务工程、自动化、环境工程、动物医学 |
| 12 | 福建工程学院 | 机械设计制造及其自动化、电气工程及其自动化、土木工程、工程管理、车辆工程、材料科学与工程、通信工程、计算机科学与技术、给排水科学与工程、城乡规划 | 材料成型及控制工程、车辆工程、材料科学与工程、通信工程、计算机科学与技术、软件工程、建筑环境与能源应用工程、给排水科学与工程、城市地下空间工程、建筑学、城乡规划、工程造价、知识产权、工业设计、交通运输、环境工程、风景园林、工商管理、环境设计 |
| 13 | 河南城建学院 | — | 电气工程及其自动化、数字媒体技术、交通工程、工程管理、土木工程、建筑环境与能源应用工程、给排水科学与工程、测绘工程、城乡规划、无机非金属材料工程、数据科学与大数据技术、道路桥梁与渡河工程、建筑学、工程造价、环境设计 |
| 14 | 河北建筑工程学院 | — | 土木工程、建筑学、工程管理、计算机科学与技术、建筑环境与能源应用工程、给排水科学与工程 |

注：青岛理工大学、河北建筑工程学院只有 2019 年的专业设置。

## 第二节　本书研究的建筑类高校范围

　　本书研究的建筑类高校是指学校名称中有"建筑"二字的高校，如北京建筑大学、山东建筑大学、西安建筑科技大学、沈阳建筑大学、安徽建筑大学、吉林建筑大学，以及部分名称没有建筑二字但明显属于建筑类的高校（2000 年前属于原建设部或省市建设厅的高校。现有建筑二字的建筑类高校在建筑类专业建设和评估方面都接受住房和城乡建设部的指导和评估），如天津城建大学、河北建筑工程学院、福建工程学院、河南城建学院、河北工程大学、苏州科技大学、青岛理工大学、南京工业大学等高校。这些高校都是地方高校。清华大学、东南大学、天津大学、同济大学、哈尔滨工业大学、华南理工大学、重庆大学、西安建筑科技大学，这八所号称建筑类"老八校"，前七所都是 985 高校，是教育部直属高校，也是世界一流建设大学，不在本书研究范围内，只有西安建筑科技大学在本书研究范围内。浙江大学、湖南大学、沈阳建筑大学、大连理工大学、深圳大学、华中科技大学、上海交通大学、南京大学，这八所号称建筑类"新八校"，其中浙江大学、湖南大学、大连理工大学、华中科技大学、上海交通大学、南京大学，这六所同样也是 985 高校，是教育部直属高校，也是世界一流建设大学，也不在本书研究范围内。深圳大学不是特色鲜明的建筑类高校也不在本书研究范围内，只有沈阳建筑大学在本书研究范围内。

　　本书主要从"双一流"的视角出发，以建筑类高校为切入点，选出了建筑类高校中具有一定代表性的十四所建筑类高校（现在都是地方高校，尽管大多数高校与住房和城乡建设部共建，但以地方建设为主，费用来源都是地方财政拨款）。高等教育是一个大系统，学科和专业是高校内部发展的两个重要因素，其建设涉及的内容较多，与很多因素有着密切的联系。因此本章对这十四所地方高校一流学科和一流专业建设现状的研究，主要是对高校基础办学情况包括师资力量、经费情况、学科专业的设置现状和调整与优化等方面内容进行研究分析。同时对十四所建筑类高校学科专业建设相关调查问卷的数据进行整理，根据十四所建筑类高校在第四轮学科评估的结果分析以及"双万计划"下各个高校的一流专业建设点的统计整理情况，进一步分析归纳总结出"双一流"建设背景下这十四所建筑类高校一流学科和一流专业建设存在的问题。

## 第三节 十四所建筑类高校的基础建设现状

### 一、十四所建筑类高校概况

高校基础建设具体包括基础设施、教师队伍、院校规模和学科专业等各方面的建设，各项基础建设相互关联、互相影响。为了更好地了解高校学科专业建设发展情况，势必要对高校其他基础建设现状进行分析。本书着重分析十四所建筑类高校的规模、师资队伍等方面的基础建设现状。这一系列的分析将更有利于研究其学科专业建设的发展情况。

近几年建筑类高校在时代机遇和政府的鼓励支持下取得了一定的发展进步，但是由于各方面因素的影响，除了建筑类"老八校"和建筑类"新八校"中的十三所"985 工程"和"双一流"高校之外，建筑类其他地方高校的办学实力还是相对比较薄弱，其办学的软硬实力与十三所"985 工程"高校仍然存在一定的差距，还有较大的进步空间。近些年来，为了减少差距，在竞争中谋求发展，十四所建筑类高校争相扩大办学规模，改进办学条件，增强办学实力，提高办学层次，努力建设更好的本科院校。"双一流"建设方案中强调在评比审核过程中首先要牢牢遵循公平公正、开放竞争的原则；其次为了缩小高校之间的发展差距，力争高校在竞争中谋得发展，鼓励高校积极顺应时代发展潮流，科学合理地扩大办学规模。本书中的研究对象都属于建筑类的省属高校，有一定的办学实力，从十四所建筑类高校官网公开的各项数据中得知十四所高校由于办学性质的差异，每所学校的发展状况存在一定的差异，在基础设施、师资、生源等方面情况各不相同。而高等教育系统里的不同要素之间也存在着密切的联系和作用，这一系列要素对学科与专业的建设发展也存在着不同的影响，因此对十四所建筑类高校发展的基本概况进行了解，对于研究学科专业建设具有重要价值，详细信息见表 4-3。

表 4-3 十四所建筑类高校基本概况

| 学校名称 | 占地面积/亩 | 教师数/人 | 学生数/人 | 学科门类/个 | 专业数/个 | 省部级重点学科数/个 |
|---|---|---|---|---|---|---|
| 西安建筑科技大学 | 3700 | 1800 | 36000 | 7 | 65 | 21 |
| 沈阳建筑大学 | 1500 | 1129 | 16000 | 7 | 53 | 11 |
| 北京建筑大学 | 919 | 759 | 11074 | 6 | 41 | 7 |
| 山东建筑大学 | 2400 | 1794 | 27885 | 6 | 61 | 9 |
| 青岛理工大学 | 3260 | 1713 | 34335 | 7 | 63 | 10 |
| 南京工业大学 | 3800 | 2400 | 38000 | 9 | 101 | 10 |
| 安徽建筑大学 | 1531 | 1214 | 18900 | 7 | 61 | 8 |
| 天津城建大学 | 894 | 1000 | 18000 | 7 | 57 | 6 |
| 吉林建筑大学 | 1422 | 880 | 16400 | 7 | 53 | 6 |
| 苏州科技大学 | 2300 | 1400 | 21900 | 5 | 64 | 6 |
| 河北工程大学 | 4098 | 1800 | 26326 | 11 | 87 | 9 |
| 福建工程学院 | 2075 | 1260 | 21336 | 7 | 71 | 6 |
| 河南城建学院 | 1730 | 1100 | 20391 | 8 | 54 | 3 |
| 河北建筑工程学院 | 810 | 576 | 14274 | 5 | 43 | 5 |

注：1.数据来源于十四所建筑类高校的官方网站，统计截止时间为 2022 年 5 月 31 日。

2.1 亩≈666.67m²

通过对十四所建筑类高校基本概况的统计可以得知，十四所建筑类高校的发展也达到了一定的规模。首先，在学校占地面积上，十四所高校就有十一所的建筑面积超过 1000 亩，河北工程大学占地面积更是高达 4098 亩，南京工业大学占地面积达 3800 亩，西安建筑科技大学占地面积达 3700 亩，青岛理工大学占地面积达 3260 亩，北京建筑大学、天津城建大学位于寸土寸金的北京市、天津市，占地 900 亩左右，规模也不小，同时，这两所学校的建筑容积率都比较高。西安建筑科技大学师生比例为 1:20，沈阳建筑大学师生比例为 1:14.17，北京建筑大学师生比例为 1:14.59，山东建筑大学师生比例为 1:15.54，青岛理工大学师生比例为 1:20.04，南京工业大学师生比例为 1:15.83，安徽建筑大学师生比例为 1:15.57，天津城建大学师生比例为 1:18，吉林建筑大学师生比例为 1:18.64，苏州

科技大学师生比例为 1:15.64，河北工程大学师生比例为 1:14.63，福建工程学院
师生比例为 1:16.93，河南城建学院师生比例为 1:18.54，河北建筑工程学院师生
比例为 1:24.78。按照国家规定的高校师生比标准为 1:18，可得出沈阳建筑大学、
北京建筑大学、山东建筑大学、南京工业大学、安徽建筑大学、天津城建大学、
苏州科技大学、河北工程大学、福建工程学院这九所高校符合这一标准，吉林建
筑大学、河南城建学院这两所高校基本符合这一标准，只有西安建筑科技大学、
青岛理工大学、河北建筑工程学院这三所高校没有满足这一标准，其中河北建筑
工程学院与这一标准的差距较大。

## 二、十四所建筑类高校的师资队伍建设现状

教师队伍学术水平的高低、结构合理与否，直接影响高校学科专业建设效果。
因此，要想深入了解十四所地方高校的学科专业建设发展情况，势必要对十四所
高校的教师队伍建设现状进行分析研究。按照"十四五"发展规划、"双一流"
建设方案及十四所建筑类高校关于加强师资队伍建设等要求，学校在实践中不断
丰富和完善、创新人才管理体制机制，通过科学核编定岗与测算，确保满足学校
教学和学科专业的发展需求。在师资队伍建设中，注重师资队伍的职称、学历、
年龄等合理分布。十四所建筑类高校的师资队伍建设详细信息见表 4-4。

表 4-4  十四所建筑类高校师资队伍基本情况

| 学校名称 | 专任教师数/人 | 副教授以上教师数/人 | 硕士教师数/人 | 博士教师数/人 | 高端人才数/人 |
|---|---|---|---|---|---|
| 西安建筑科技大学 | 1800 | 1000 | | | 9 |
| 沈阳建筑大学 | 1129 | 639 | | | 4 |
| 北京建筑大学 | 759 | 437 | | | 4 |
| 山东建筑大学 | 1794 | 900 | | 894 | 8 |
| 青岛理工大学 | 1713 | 897 | | 814 | 23 |
| 南京工业大学 | 2400 | 1500 | | | 163 人次 |
| 安徽建筑大学 | 1214 | 480 | 1094（含博士） | | 1 |
| 天津城建大学 | 1000 | 400 | | | |

续表

| 学校名称 | 专任教师数/人 | 副教授以上教师数/人 | 硕士教师数/人 | 博士教师数/人 | 高端人才数/人 |
|---|---|---|---|---|---|
| 吉林建筑大学 | 880 | 440 | | 370 | |
| 苏州科技大学 | 1400 | 600 | | | |
| 河北工程大学 | 1800 | 895 | 696 | 135 | 4 |
| 福建工程学院 | 1260 | 625 | | | |
| 河南城建学院 | 1100 | 400 | 1100（含博士） | | |
| 河北建筑工程学院 | 576 | 343 | 559 | 40 | |

注：1.数据来源于十四所建筑类高校的官方网站，统计截止时间为2021年底。

2.高端人才是指中国科学院院士、工程院院士、长江学者、国家"杰青"、青年千人（中央人才工作协调小组办公室在广泛听取多方面专家意见基础上决定实施"千人计划"青年项目的人才）、全国教学名师等国家级人才。

3.西安建筑科技大学、沈阳建筑大学、北京建筑大学、南京工业大学、天津城建大学、苏州科技大学、福建工程学院师资队伍没有给出学历，因为现在教师破五唯（五唯具体指：唯学历、唯论文、唯帽子、唯职称、唯奖项），一些高校不愿意发布教师学历，但据调查这七所高校教师具有硕士学位以上的超过99%，其中具有博士学位的达到50%左右，南京工业大学甚至达到70%；山东建筑大学、青岛理工大学、吉林建筑大学只有博士学位教师的数据，没有硕士学位教师的数据，据调查其余教师95%以上具有硕士学位；安徽建筑大学、河南城建学院只给出具有硕士学位以上教师的数据，没有给出博士学位教师的数据，但据调查安徽建筑大学博士学位的教师超过30%，河南城建学院拥有博士学位的教师超过10%。

表4-4将十四所建筑类高校的教师队伍基本情况进行了一个大致的梳理。由表中所统计的数据可以得知，十四所建筑类高校的专任教师数已达到相应的规模，超过或达到1000人的高校有：西安建筑科技大学、沈阳建筑大学、南京工业大学、天津城建大学、苏州科技大学、福建工程学院、山东建筑大学、青岛理工大学、安徽建筑大学、河南城建学院、河北工程大学，其中南京工业大学高达2400人，西安建筑科技大学、河北工程大学两所为1800人，山东建筑大学、青岛理工大学两所超过1700人，这五所高校专任教师数规模比较大。不足1000人的只有北京建筑大学、吉林建筑大学、河北建筑工程学院这三所高校。

从副教授以上教师数和硕士教师数这两栏来看，十四所建筑类高校教师队伍的职称和学历层次也有所提高，大概占专任教师数的3/5，其中西安建筑科技大学、沈阳建筑大学、北京建筑大学、南京工业大学、天津城建大学硕士以上教师人数差不多100%，西安建筑科技大学、北京建筑大学、南京工业大学博士教师人数超过50%。引进高素质人才是学科与专业建设的关键，虽然十四所建筑类高校在教师队伍建设方面已取得一定的成绩，但是对比清华大学、同济大学、东南大学、天津大学、华南理工大学、重庆大学、哈尔滨工业大学这七所高校仍有较大的差距，特别是在高端人才的引进方面。总体来说，目前高端人才的缺乏是影响十四所建筑类高校一流学科和一流专业建设的主要因素之一，建筑类高校要想以特色学科优势专业为引领，在"双一流"的建设中积极作为，在今后的发展中势必要加强师资队伍建设，培养和引进学科带头人和高层次人才，为建筑类高校一流学科和一流专业建设提供强有力的保障。

师资队伍的年龄体现教师队伍的活力与后备力量。依据年龄划分可以将高校专任教师队伍年龄分为 35 岁以下、36~45 岁，46~55 岁以及 56 岁以上四个年龄段。其中 36~55 岁的教师应该在学校学科专业建设中起中流砥柱的作用，是高校学科专业建设的后备力量，应该在师资结构中占据较大的比例，通过数据统计及整理得出如下大致信息：截至 2021 年底，十四所建筑类高校专任教师在四个区间段人数所占比例分别为 28.79%、37.27%、28.32%、5.62%，十四所建筑类高校中 36~55 岁教师占专任教师总数均已超过了 60%，说明师资队伍年龄段分布基本合理，有利于培养学科带头人带动高校一流学科和一流专业建设，进而促进学校"双一流"建设。

## 三、十四所建筑类高校的学科专业设置现状

高等教育发展过程中的一个主要环节是专业设置。学科专业是高等学校的基本组成部分，学科专业的建设是高等学校的一项重要基础建设。高校机构的建立、教师工作的践行、教学活动的开展都围绕专业设置展开。尤其在"双一流"背景下，建筑类高校更应该抓住时代契机，定好位，抓机遇，调结构，重发展，积极进行学校学科专业建设。所以，本书对十四所建筑类高校学科专业建设现状的研究分析主要包括两个部分：学科专业设置的基本情况、第四轮学科评估结果分析。

专业设置是高等教育提高自身水平、满足社会经济需要的关键环节。2012 年，教育部颁发的《普通高校本科专业目录》，将高校学科专业分为文学、理学、农学、医学、工学、哲学、法学、经济学、教育学、历史学、管理学、艺术学 12 个学科门类，92 个大类、506 种专业，见表4-5。随着 2020 年新目录的公布，每所高校都进行了相应的专业调整，2020 年教育部颁发的《普通高校本科专业目录》分布情况，见表4-6。准确把握专业设置依据，对优化高校专业设置，加强人才建设和推动学校发展等方面，有着重要的积极作用。

表4-5　教育部2012年颁发的《普通高校本科专业目录》分布情况

| 学科门类 | 二级类数 | 专业个数 | 学科门类 | 二级类数 | 专业个数 |
|---|---|---|---|---|---|
| 哲学 | 1 | 4 | 理学 | 12 | 36 |
| 经济学 | 4 | 17 | 工学 | 31 | 169 |
| 法学 | 6 | 32 | 农学 | 7 | 27 |
| 教育学 | 2 | 16 | 医学 | 11 | 44 |
| 文学 | 3 | 76 | 管理学 | 9 | 46 |
| 历史学 | 1 | 6 | 艺术学 | 5 | 33 |
| 合计 | 学科门类个数：12；二级类数：92；专业个数：506 | | | | |

表4-6　教育部2020年颁发的《普通高校本科专业目录》分布情况

| 学科门类 | 二级类数 | 专业个数 | 学科门类 | 二级类数 | 专业个数 |
|---|---|---|---|---|---|
| 哲学 | 1 | 4 | 理学 | 12 | 42 |
| 经济学 | 4 | 23 | 工学 | 31 | 232 |
| 法学 | 6 | 44 | 农学 | 7 | 38 |
| 教育学 | 2 | 25 | 医学 | 11 | 58 |
| 文学 | 3 | 123 | 管理学 | 9 | 59 |
| 历史学 | 1 | 7 | 艺术学 | 5 | 48 |
| 合计 | 学科门类个数：12；二级类数：92；专业个数：703 | | | | |

2020 版《普通高等学校本科专业目录》（以下简称《目录》）是在 2012 版的基础上形成的，我国教育部颁布的《目录》，将高校学科专业分为文学等 12 个（不含军事学）学科门类，92 个大类、703 个专业，在新目录的导向下，高校会结合高校学科专业设置与发展情况对相应的学科专业进行布局与优化，制定并颁布新的学校发展规划。

就学科门类而言，在《目录》划分的 12 个学科门类中十四所建筑类高校各专业分布于 12 个学科门类中，其中工学专业所占比例最高，达到了 72%，其次为管理学和理学，而农学、历史学和教育学比例偏低；其次从十四所建筑类高校各自的学科门类分布而言，河北工程大学是十四所建筑类高校中最大的综合性大学，具有 11 个学科门类，87 个本科专业；南京工业大学是十四所建筑类高校中规模最大的理工科大学，涵盖了 9 个学科门类，设置了共 101 个本科专业；设置 60 个以下本科专业的建筑类高校有：北京建筑大学（6 个学科门类，41 个本科专业）；天津城建大学（6 个学科门类，41 个本科专业）；沈阳建筑大学（7 个学科门类，53 个本科专业）；吉林建筑大学（7 个学科门类，53 个本科专业）；河南城建学院（8 个学科门类，54 个本科专业）；河北建筑工程学院（5 个学科门类，43 个本科专业）。总体来讲，十四所建筑类高校中工学、管理学、理学所占比例较大，而医学只有南京工业大学有，其他几所均没有涉及。在十四所建筑类高校中，建筑学、城乡规划、风景园林、土木工程、给排水科学与工程、环境工程、工程管理、工程造价几乎都是每个高校的王牌专业，说明这十四所高校的确是特色鲜明的建筑类高校。

## 四、十四所建筑类高校第四次学科评估结果分析

学科评估是教育部学位与研究生教育发展中心（简称学位中心）按照国务院委员会和教育部颁布的《学位授予与人才培养学科目录》对全国具有博士、硕士学位授予权的学科开展的整体水平评估。第一轮于 2002 年首次开展，第四轮学科评估于 2016 年 4 月，按照"自愿申请、免费参评"原则，采用"客观评价与主观评价相结合"的方式进行。评估体系在运行开展的过程中不断进行创新，其评估结果通常情况下以"分档"方式进行呈现。评估结果见表 4-7。

表 4-7　十四所建筑类高校第四轮学科评估结果　　　单位：个

| 学校名称 | 等级 | | | | | | | | |
|---|---|---|---|---|---|---|---|---|---|
| | A+ | A | A- | B+ | B | B- | C+ | C | C- |
| 西安建筑科技大学 | | | | 5 | 1 | 1 | 2 | 1 | |
| 沈阳建筑大学 | | | | 1 | 3 | 1 | 1 | | 1 |
| 北京建筑大学 | | | | | 2 | 1 | 2 | 3 | |
| 山东建筑大学 | | | | | | 3 | | | 3 |
| 青岛理工大学 | | | | | 1 | | 2 | 1 | 1 |
| 南京工业大学 | | 1 | | 2 | 3 | | 4 | 4 | 2 |
| 安徽建筑大学 | | | | | | 1 | 2 | | 1 |
| 天津城建大学 | | | | | | | 1 | 1 | 1 |
| 吉林建筑大学 | | | | | | | | 2 | 3 |
| 苏州科技大学 | | | | | 1 | 1 | 1 | 2 | 2 |
| 河北工程大学 | | | | | | | | 1 | |
| 福建工程学院 | | | | | | | | | |
| 河南城建学院 | | | | | | | | | |
| 河北建筑工程学院 | | | | | | | | | |

　　根据整理数据而得，十四所建筑类高校在第四轮学科评估学科建设结果中，学科为 A+的为 0，学科被评为 A 的只有一个，是南京工业大学的化学工程与技术学科获得 A 等级（不是建筑类学科），而十四所建筑类高校在第四轮学科评论中被评为 B（包含 B+、B、B-）等级的数量总共为 27 个，这些学科大多是建筑类学科，B 等级占比例较高，说明十四所建筑类高校的学科建设有很大的发展空间，尤其是已经获得 B+等级的一级学科。十四所建筑类高校中 C 级学科（包括 C+、C、C-）数量为 44 个，数量最多，在等级为 C 的学科里被评为 C+的有 15 个、被评为 C 的有 15 个、被评为 C-的有 14 个，比较均衡。总体来讲，十四所建筑类高

校在第四轮学科评估结果中 B 和 C 等级的最多，虽然等级不是非常高，但是学科评估并非每所高校每个学科都可以入选，这说明十四所建筑类高校还是有很大的发展潜力和发展空间，应该更加重视一流学科的建设。2022 年进行第五轮学科评估，这十四所建筑类高校可以在学科上继续进行努力，尤其是在上一轮评比中已经获得 B 等级以上的学科，例如，西安建筑科技大学的建筑学、城乡规划学、风景园林学、土木工程、环境科学与工程 5 个学科为 B+（全国前 20%）；南京工业大学的材料科学与工程、安全科学与工程学科获得 B+等级（全国前 20%）；沈阳建筑大学的土木工程 B+等级（全国前 20%）要向一流学科冲刺，争取成为一流学科建设高校，而以建筑类见长的其余十一所高校要充分发挥自己的优势学科专业，砥砺前行。

## 五、十四所建筑类高校一流专业建设点情况分析

2019 年 4 月，教育部印发《教育部办公厅关于实施一流本科专业建设"双万计划"的通知》，决定于 2019~2021 年建设 10000 个左右国家级和 10000 个左右省级一流本科专业点。"双万计划"是在教育部的指导下对全国高校专业建设进行评估和审核，旨在全面振兴本科教育，提高高校培养人才的质量，促进高校呈内涵式发展的一项计划。表 4-8 为目前十四所建筑类高校国家级和省级一流本科专业建设点的汇总（统计时间截至 2020 年底）。

表 4-8　十四所建筑类高校国家级和省级一流本科专业建设点汇总表

| 学校名称 | 国家级一流专业建设点/个 | 省级一流专业建设点/个 | 总计/个 |
|---|---|---|---|
| 西安建筑科技大学 | 21 | 35 | 56 |
| 沈阳建筑大学 | 12 | 9 | 21 |
| 北京建筑大学 | 12 | 8 | 20 |
| 山东建筑大学 | 10 | 11 | 21 |
| 青岛理工大学 | 12 | 6 | 18 |
| 南京工业大学 | 24 | 27 | 51 |
| 安徽建筑大学 | 15 | 12 | 27 |

续表

| 学校名称 | 国家级一流专业建设点/个 | 省级一流专业建设点/个 | 总计/个 |
|---|---|---|---|
| 天津城建大学 | 9 | 7 | 16 |
| 吉林建筑大学 | 9 | 7 | 16 |
| 苏州科技大学 | 13 | 13 | 26 |
| 河北工程大学 | 3 | 15 | 18 |
| 福建工程学院 | 10 | 19 | 29 |
| 河南城建学院 | | 15 | 15 |
| 河北建筑工程学院 | | 9 | 9 |

入选国家级一流本科专业建设点的专业基本都是实力比较强的，未来将建设成我国实力最强的一批。从国家级的一流专业建设点梳理来看，排在前三位的是：北京大学国家级一流专业建设点 71 个，浙江大学国家级一流专业建设点 67 个，吉林大学国家级一流专业建设点 62。国家级一流本科专业点数量排名前十的大学，见表 4-9（统计时间截止到 2020 年底）。

十三所建筑类名校国家级和省级一流本科专业建设点汇总，见表 4-10（统计时间截止到 2020 年底）。

表 4-9　国家级一流本科专业点数量排名前十的大学

| 学校名称 | 国家级一流专业建设点/个 | 省级一流专业建设点/个 | 总计/个 |
|---|---|---|---|
| 北京大学 | 71 | 19 | 90 |
| 浙江大学 | 67 | | 67（无省级） |
| 吉林大学 | 62 | 36 | 98 |
| 山东大学 | 58 | 24 | 82 |
| 华中科技大学 | 54 | 22 | 76 |
| 中山大学 | 58 | | 58（无省级） |
| 武汉大学 | 55 | 27 | 82 |

续表

| 学校名称 | 国家级一流<br>专业建设点/个 | 省级一流<br>专业建设点/个 | 总计/个 |
|---|---|---|---|
| 清华大学 | 51 | | 51（无省级） |
| 中南大学 | 50 | 26 | 76 |
| 南京大学 | 46 | | 46（无省级） |

表4-10　十三所建筑类名校国家级和省级一流本科专业建设点汇总表

| 学校名称 | 国家级一流<br>专业建设点/个 | 省级一流<br>专业建设点/个 | 总计/个 |
|---|---|---|---|
| 清华大学 | 51 | | 51（无省级） |
| 东南大学 | 35 | 19 | 54 |
| 同济大学 | 41 | | 41（无省级） |
| 天津大学 | 37 | | 37（无省级） |
| 华南理工大学 | 40 | 15 | 55 |
| 哈尔滨工业大学 | 48 | 28 | 76 |
| 重庆大学 | 43 | 14 | 57 |
| 浙江大学 | 67 | | 67（无省级） |
| 湖南大学 | 34 | 22 | 56 |
| 大连理工大学 | 40 | 44 | 84 |
| 华中科技大学 | 54 | 22 | 76 |
| 上海交通大学 | 43 | | 43（无省级） |
| 南京大学 | 46 | | 46（无省级） |

　　省级一流本科专业建设点是由各省教育行政部门，按照建设总量不超过本行政区域内本科专业布点总数的20%确定。十四所建筑类高校除了西安建筑科技大学拥有35个省级一流专业、南京工业大学拥有27个省级一流专业、青岛理工大学拥有23个省级一流专业之外，其他十一所高校的专业建设点数量均没有超过

20 个；最后从数量上来看，经过对数据整理归纳可以得出，总体上十四所建筑类高校的一流专业建设点数量要低于"双一流"建设高校和十三所建筑名校。综上所述，十四所建筑类高校不论在学科建设还是专业建设上与"双一流"高校还是有一定的差距。未来十四所建筑类高校应该以专业为突破口，借助"双万计划"，努力实现一流专业建设点的增长，从而带动十四所建筑类高校整个学科专业体系的发展。

"双万计划"面向各层次的高校，发挥示范领跑作用，紧扣国家发展需求，积极适应新一轮的科技革命和产业升级与变革，以加快高校专业综合改革，优化专业布局结构，积极发展应运而生的新专业，对传统老专业进行改造和提升，利用学校优势特色专业的发展来优化高校整体专业结构，提升专业建设质量，最终建立起良好的人才培养体系。结合表 4-2 和表 4-8 可以看出十四所建筑类高校一流专业建设点几乎都集中在与本校的办学性质以及办学特点相关的优势专业上，尤其是建筑类主要专业以及和建筑、土木、房地产相关的专业。

第五章

# "双一流"建设背景下建筑类高校一流学科和一流专业的 SWOT 分析

# 第一节　SWOT 分析法

SWOT 分析法，也叫态势分析法，最初由美国哈佛大学商学院教授 Kenneth R. Andrews 提出。该方法是一种应用在企业中的新的决策模型，主要是通过对来自内外部环境的各种因素进行综合考虑，做出系统评价，然后对发展战略做出最佳的选择。最初该方法主要运用在企业。SWOT 分别是指优势（Strength）、劣势（Weakness）、机遇（Opportunity）、挑战（Threat）。其中，S、W 是指来自内部环境的优势和劣势，O、T 是指来自外部环境的机遇与挑战。SWOT 分析法，是一种确定组织或团体发展战略的重要方法，最初只在企业内使用，后来也被用于生涯探索分析，成为一种能对个人能力、价值观、偏好以及在外部环境中面临的机遇和威胁进行客观分析的方法。因此，我国地方高校作为一个主要从事教学与科研活动的特殊组织，可以在研究其特色学科建设的过程中运用此方法，通过该方法可以分析出十四所建筑类高校在建筑类特色学科建设过程中自身具有的优势与劣势，以及来自外部环境中的机遇和潜在威胁与挑战，从而有针对性地将内部优势与外部机遇结合起来，并充分利用外部环境提供的机会，克服十四所建筑类高校自身的劣势和外部环境带来的挑战，从而实现十四所建筑类高校特色学科的可持续发展。

党的十九大报告将"双一流"建设作为一项"优先发展教育事业"的重要内容，重新激发了院校的竞争意识和内在动力，对十四所建筑类高校的发展来说是难得的机遇。在此背景下，十四所建筑类高校应该分清自身内部实际发展过程中具有的优势（S）和劣势（W），深入贯彻党的十九大精神，不断优化结构，牢牢把握住"双一流"的时代主题，加强学科建设，强化学科的龙头意识，把握好当前外部环境中面临的机遇（O）和挑战（T），遵循高等教育发展规律，努力把优势和机遇结合，借助外部环境条件，不断提高高等教育质量，推动学校真正适应并融入内涵式发展的新时代。

第二节　十四所建筑类高校的优势分析

十四所建筑类高校的优势，也就是其自身特有的、区别于其他高校而存在的特点，在办学目的、办学经历以及其他各方面所具有的强项。十四所建筑类高校只有依托这些自身存在的优势和强项进行发展，催发自身内在驱动力，才能在激烈的高校竞争中具有一定的实力和竞争力。

## 一、以服务区域发展为主，受到地方政府的大力扶持

十四所建筑类高校的主要财政来源于当地政府支持，其发展目标主要是服务地方发展，培养适应当地经济社会发展需求的应用型人才，是当地政治、经济、文化、社会等方面发展的主要智力支撑。为了更好地促进当地经济发展，增强建筑类高校服务区域发展的这一功能，地方政府会对本地的建筑类高校给予高度关注，在物力和财力上给予大力支持，以保证建筑类高校在自身发展中，不断通过当地独有的特色形成自己的优势，来促进当地区域经济发展实力的进一步增强。因此，当地政府在财力、物力以及其他方面对于建筑类高校的扶持，对于建筑类高校而言，在其一流学科和一流专业建设发展过程中就是其拥有的优势和强项。

## 二、多年办学经验的积累为建筑类高校一流学科和一流专业发展奠定基础

十四所建筑类高校中有很多建校较早，办学水平由弱到强，学科专业由单一向综合性发展。例如，西安建筑科技大学办学历史悠久，底蕴深厚，最早可追溯到始建于 1895 年的天津北洋西学学堂，1956 年全国高等院校院系调整时，由原东北工学院、西北工学院、青岛工学院和苏南工业专科学校的土木、建筑、市政系（科）合并而成，建立了我国近代高等教育史上最早的一批土木、建筑、环境类系（科），时名西安建筑工程学院，是新中国西北地区第一所本科学制的建筑

类高等学府，是我国著名的建筑类"老八校"之一，是原冶金工业部直属重点大学。1959 年和 1963 年，学校先后易名为西安冶金学院、西安冶金建筑学院；1994年 3 月 8 日，经原国家教委批准，更名为"西安建筑科技大学"。1998 年，学校划转陕西省人民政府管理，现为"国家建设高水平大学项目"和"中西部高校基础能力建设工程"实施院校，是陕西省、教育部与住房和城乡建设部共建高校。在十四所建筑类高校曲折的办学经历中，学校在不断尝试与实践中，积累经验，找到了一条真正适合自身发展的特色之路，为提升自身发展实力积累了宝贵的经验，为建筑类一流学科和一流专业建设的发展奠定了理论与实践基础。这一经验的积累，有利于学校在一流学科和一流专业建设的道路上少走弯路，对于十四所建筑类高校来说就是自身最大的优势。

## 三、学科专业发展水平不断增强

优势学科专业是在长期的历史发展过程中形成的，并且具有良好的行业认知度与认可度。建筑类高校的优势学科专业并非有绝对优势的学科专业，而是相对于其他大学的同类学科专业和本校其他学科专业具有优势的学科专业。建筑类行业特色型高校的优势学科专业应该在一定程度上体现和反映建筑类行业的发展水平，同时也从某种程度上代表国家层面的学科专业水平。由于资源的稀缺性和有限性，作为大学也不例外，在一流学科和一流专业建设过程中就要突出重点和特色，做到"有所为，有所缓为，有所不为"，要保证一批建筑类优势学科专业首先达到世界一流水平。建筑类高校作为行业特色型高校的优势学科专业要追求"冰山"，目标是使冰山更高。

## 四、能培养行业需求的专门人才

建筑类高校与综合性高校的不同在于学科专业建设的过程中注重培养与建筑类行业发展相结合的人才，为建筑、土木、房地产行业输送大量行业精英，为建筑行业发展提供优秀的技术和管理人才。建筑类高校毕业生具有突出的竞争能力、理论创新能力和实践能力，这些在就业过程中更受企业的青睐。

例如，在建筑和土木领域具有鲜明办学特色的北京建筑大学，根据"建筑和土木学科专业优势、创新创业相结合"的理念，在国民经济建设中发挥学科专业优势，在人才培养中起到了带头作用，为建筑类行业输送了大批拔尖的创新型人才、工程型人才、复合型人才。学校遵循"立德树人、开放创新"的办学理念和"团结、勤奋、求实、创新"的校风，秉承"实事求是、精益求精"的校训和"爱国奉献、坚毅笃行、诚信朴实、敢为人先"的精神，为国家培养了很多优秀毕业生。他们参与了北京几十年来的重大城市建设工程，成为国家和首都城市建设系统的骨干力量。学校毕业生全员就业率多年来一直保持在95%以上。

# 第三节　十四所建筑类高校的劣势分析

劣势，顾名思义就是与其他高校相比，建筑类高校自身在资源、实力以及其他各方面处于不占优势或者是处于劣势地位。这种劣势也是限制建筑类高校建设一流学科和一流专业的主要障碍，具体表现在以下几个方面。

## 一、办学经费有限，以地方财政支持为主，阻碍学校发展

建筑类高校是地方经济发展的重要智力支撑和动力。虽然十四所建筑类高校大多是地方省市政府与住房和城乡建设部共建高校，但其经费来源主要是当地政府的财政支持。虽然地方政府对于建筑类高校的发展在财力物力上均给予了大力支持，但与部属高校相比还是少很多。十四所建筑类高校的经费来源渠道相对较少，除受地方政府财政支持以外，还通过与企业对接合作，获得科研经费，以及从学生的学费中获得经费。这些经费与受中央财政支持的重点高校相比都是十分有限的。办学经费有限，一方面导致基础设施薄弱、落后，阻碍学校实验室或者学科专业发展平台的建设，不仅对高层次人才的引进缺乏吸引力，而且会使科研项目的承担能力下降，科研成果的产出与转化减少；另一方面，导致学科专业建设落后，阻碍一流学科和一流专业的建设进程，使人才培养质量下降。这不仅不能满足区域经济发展对应用型人才的需求，而且最后直接影响十四所建筑类高校发挥服务地方发展的社会功能。因此，办学经费的不足，成为限制十四所建筑类高校发展的一项不利因素。

## 二、办学层次较低与区位劣势并存，难以吸引高水平人才和优质生源

十四所建筑类高校与部属高校相比，由于办学资源有限等因素，一般来说办学层次相对较低，拥有的师资队伍水平整体素质比"双一流"高校相差许多，而且福建工程学院、河南城建学院基本由地方专科院校转型升为本科，发展时间较短，所以在学位点的建设方面，与部属高校相比，硕士点的数量较少，没有博士点，甚至有些建筑类高校暂未达到增设博士学位点的标准。这在一定程度上制约了对高水平师资团队的吸引力，然而一所高校的学科专业建设水平一定程度上就是通过其师资整体水平来体现的，并且影响着其科研水平和人才培养质量。虽然十四所建筑类高校均制定了很多的人才引进政策与培养计划，但实际上真正引进的人才数量还远远不够。

同时，十四所建筑类高校除北京建筑大学外多建在处于中上等水平的省会城市，而河北建筑工程学院、河南城建学院、河北工程大学这三所学校建在中下等水平的中小城市，与北上广深等大城市相比，存在着区位劣势。大多数建筑类高校的知名度，多在当地及周边城市比较高，但是在全国范围内的影响力和品牌认可度还需要提高，这又成为高层次人才引进的另一制约因素。区位劣势加上高水平师资队伍的匮乏使优质生源流失，直接影响毕业生的就业质量。这就导致我国高等教育领域出现"强者更强、弱者更弱"的马太效应现象。因此，建筑类高校的自身区位劣势和办学层次不高也成为制约建筑类高校发展以及一流学科和一流专业建设的弱项因素。

# 第四节　十四所建筑类高校面临的机遇分析

所谓机遇，即契机，被理解为有利的外在条件和环境。新时代社会各界对于高等教育质量非常重视，大学推进改革。与"211 工程""985 工程""优势学科创新平台"和"特色重点学科项目"等相比，新出台的"双一流"建设方案给我国的建筑类高校带来新的发展机遇。

## 一、国家政策上打破高校间身份固化，为建筑类高校明确发展方向

党的十九大报告提出，高等教育的根本任务是立德树人，主要目标是培养优秀的德智体美劳全面发展的社会主义事业接班人，并提出要加快建设一流学科和一流大学的步伐，推进高等教育的内涵发展，加快高等教育现代化进度，实现高等教育大国向高等教育强国目标的转变。因此，这一系列政策与目标的提出，不仅为我国高校尤其是建筑类高校的发展指明了方向，而且激发了建筑类高校加速转型发展的动力。建筑类高校应该认真贯彻落实党在教育方面的方针政策，积极响应国家政策的号召，牢牢把握住人才培养和科学研究的重要历史使命。

此外，"双一流"建设方案的出台为建筑类高校带来了机遇。"双一流"建设明确把学科与大学分开发展，改变之前国家政策扶持面向大学而非学科的现状。这不仅为我国建筑类高校学科专业建设提供了方向的引导，而且带动了建筑类高校充分发挥学科专业优势、办出学科专业特色。同时，从政策契机来看，"双一流"建设方案的出台，打破了高校间的身份固化，以绩效为杠杆，建立激励约束机制，构建完善的世界一流大学与一流学科的评价体系，鼓励公平竞争，为所有高校提供平等竞争的发展平台，为我国建筑类高校的内涵发展、转型发展以及跨越发展提供了政策机遇，引导高等学校不断提升办学水平。

## 二、地方政府对接国家政策，出台"地方方案"，为建筑类高校发展提供外在驱动力

"双一流"建设方案和对高等教育发展利好政策的出台使得我国各省市，尤其是经济发达的地区，为了抓住政策契机，有效与"双一流"方案对接，从本地区经济社会发展实际情况出发，制定并出台了相关的"双一流"建设的地方方案。例如，山东省实施了"省重点高校建设计划"和"一流学科建设的计划"，而广东省则出台了"7+7"的区域高水平大学和一流学科建设计划，"双一流"建设方案的出台，充分激发了我国高校的内生动力和发展活力。此外，建筑类高校是推动地方经济发展的应用型人才培养基地，地方政府为促进建筑类高校更好地发展，在为建筑类高校发展提供资金支持以外，在土地资源、科研项目、专业设置以及毕业生就业等方面均提供了较大的优惠，不仅提高了高校毕业生的就业率，

而且推进了建筑类高校向一流大学发展的进程。在此背景下，建筑类高校可以在各高校间平等竞争的发展平台基础上，汇聚优质资源，结合自身实际办学层次，重点建设特色优势学科，带动学校发挥优势，办出特色，从而不断提升学校的办学水平。

### 三、新时期全面深化改革目标下，应用型人才需求量变大，激发建筑类高校内生发展活力

党的十九大确定了全面深化改革的目标，使得各行各业纷纷加入改革转型的行列，行业的分工专业化日渐明显，对于相应的应用型和专业型的高素质人才的需求也随之增加，而应用型人才也是地方经济发展的重要智力支撑。同时，随着我国社会主要矛盾的转变，人们对于美好生活的追求使得人们受教育的意识和能力也不断提高，从而促使高等教育受到了全社会普遍的关注。在此背景下，一定程度上增加了建筑类高校的招生数量，应用型人才需求的增加也激发了以培养应用型人才为目标的建筑类高校更大的办学动力与更强的办学活力，从而为建筑类高校特色学科的建设发展提供了更大的发展空间。

## 第五节　十四所建筑类高校面临的挑战分析

挑战就是指内外部环境的变化给建筑类高校发展带来的威胁以及不利影响。在"双一流"建设背景下，包括政府以及社会各界为推动高等教育发展出台了一系列政策与措施。对于高等学校，尤其是建筑类高校的发展与办学水平的提升来说，在带来机遇的同时，也带来了极大的挑战。

### 一、国家政策扶持的同时，提出了更高的转型发展要求

首先，我国已经步入了中国特色社会主义新时代，高等教育不管是在内外环境还是资源条件以及评价标准方面，都发生了很大的变化。党的十九大提出高等

教育强国、质量强国战略，提出高等教育由数量扩展转向质量发展，由高等教育大国转向高等教育强国，由在数量上进行人才培养转向重点培养高素质人才。这其实就意味着对我国高等教育的发展提出了更高层次的要求。建筑类高校在面临这些机遇的同时，也面临着转型发展的严峻挑战。

## 二、建筑类高校发展起步较晚，难以应对愈演愈烈的竞争

建筑类高校面对高等教育市场的激烈竞争，由于先天发展不足，办学起步晚等因素，不管是硬件还是软件条件，包括教育资源、师资队伍、科学研究以及人才培养质量等方面与部属高校相比都不占优势，略显落后。

例如，"双一流"建设方案的出台，虽然已经打破各高校间的身份壁垒，提供了一个"同台共技"的机会，并且坚持以学科为基础，引导并支持高校优化学科结构，创新学科组织模式，引导地方高校发展优势、办出特色，但是从公布的"双一流"高校名单来看，绝大多数仍是原先的"211 工程""985 工程"高校。

## 三、地方政府政策"扶强不扶特"，导致高校间出现"马太效应"

当前全国各省出台的政策多是扶持强的学科，而没有扶持特色学科的政策。这种情况下就极易造成高校间的"马太效应"，即强者更强，弱者越弱。例如，截止到 2020 年底，山东省内共计建设 23 个一流学科，要求必须是有博士点的单位参评，并且把高校 ESI 进入全球前 1%（或者前 1‰）的学科作为重点扶持对象，为一个学科提供扶持经费一亿元。这种"扶强不扶特"现象，不仅使得建筑类高校的应用型学科得不到支持，而且区位的劣势导致建筑类高校对优秀教师，尤其是学科专业带头人以及高质量的学科专业团队缺乏吸引力。人才匮乏、人才引进难将成为建筑类高校一段时间内在一流学科和一流专业建设方面所面对的一大挑战，也将在很长一段时间内影响建筑类高校向高水平大学的方向迈进。

因此，建筑类高校必须紧紧抓住新时代"双一流"建设背景下，高等教育深化改革提供的历史契机，遵循教育规律，依靠自身的努力，实现内涵式发展，积极探索学校学科专业建设的特色之路，通过提高学校人才培养、科学研究、社会

服务和文化传承创新水平,切实提高办学质量,提高自身核心竞争力,迎接新时期对高等教育发展提出的挑战,并担负起为中国特色社会主义发展和地方发展提供人才和智力支撑的重担。

第六章
**建筑类高校一流学科和一流专业
建设存在的问题及原因分析**

大学是以学科专业为基础构建起来的学术组织，学科专业水平是大学办学水平和实力的主要标志。"没有一流学科，就没有一流高校"已经成为共识，学科专业建设是形成高校核心竞争力的必经之路。经过近些年的高速发展，十四所建筑类高校一流学科和一流专业建设的实力和水平都得到了不同层次的提升，可以说在一定程度上促进了学校自身的发展。但是与重点高校相比，十四所建筑类高校在院校基础、办学条件、教育资源等方面具有一定的差距。因此，弄清一流学科和一流专业建设存在的种种问题和不利因素，抓住当前我国"双一流"建设所提供的大好机遇，实现持续快速发展，是十四所建筑类高校必须认真思考的课题。本章通过对十四所建筑类高校一流学科和一流专业建设现状的分析，结合"双一流"的背景下建筑类高校学科专业建设发展的应然定位和建设的要素要求，具体分析十四所建筑类高校一流学科和一流专业建设当前存在的问题，帮助十四所建筑类高校抓住当前我国"双一流"建设所提供的大好机遇，实现持续快速发展。

## 一、部分学科专业建设滞后，与区域经济发展不相适应

创立"威斯康星理念"的范海思（Van Hise）在强调地方高校与当地区域发展之间千丝万缕的联系时曾指出"州的边界就是学校的边界"。因此，在对高校学科专业进行建设时要牢牢坚持服务经济的重要原则。长期以来，由于建筑类高校的办学基础和办学定位不一，具有不同的学科专业建设目标，在"双一流"的建设背景下，主张"有为才能有位"，将贡献成为评价学科专业的基本标准，主张建筑类高校要承担为本地区经济建设服务的责任，提高学科专业服务地方的贡献度。通过建筑类高校贡献值来评价高校学科专业建设与发展情况，提高学科专业服务地方的贡献度。而随着《统筹推进世界一流大学和一流学科建设总体方案》的颁布，建筑类高校的经济功能得到再一次的强调。书中十四所建筑类高校都是以为地方经济社会服务为办学定位，与当地经济文化紧密结合形成发展共同体，培养地方经济发展所需要的应用型人才。在调查过程中，有45.98%的调查对象认为所在高校还是比较注重高校发展与当地产业之间的联系。十四所高校在不同程度上都与当地许多企业建立了合作关系，坚持在办学过程中与社会经济发展形成有效衔接。但是由于较多因素的影响，从总体学科专业布局来看，建筑类高校与社会经济之间的衔接度还有待加强，如伴随国家"一带一路"建设，"中国制造2025"的实施，中国工程技术日益提高与精湛，必须深化建筑类工程教育改革，

推动新工科的建设和发展来满足国家对建筑类工程人才的新要求。但是以吉林建筑大学为例，学校现有部分学科专业设置未能很好地适应时代的发展，新兴建筑类工科专业建设落后，另外学校里还有部分传统学科专业没有根据新时代的发展形式进行改造升级，因此总体来看高校现有部分学科专业内涵上不能很好地适应建筑类新工科专业的建设与发展。教育部发布的《加快推进教育现代化实施方案（2018—2022年）》提出建设一流本科教育，开展"六卓越一拔尖"计划2.0，全面推进"四新"（新工科、新医科、新农科、新文科）建设，以推进高等教育内涵发展。十四所建筑类高校的学科与专业建设和区域经济发展还不完全相适应，各学校的学科专业定位未能与区域经济的发展相匹配，服务地方经济能力不足。河北工程大学学科专业群的整体优势还未能在应用型人才培养和服务地方主导产业中充分表现，针对区域经济社会发展需求，面向重点产业的学科专业群建设不够，面向新兴产业的专业转型不够。在专业建设方面存在重"加法"轻"减法"的现象，一些传统学科专业的人才培养规格与行业企业岗位的实际需求仍有一定的差距，学科专业适应性不够，应用型专业与主导产业链、创新链对接不够紧密。

## 二、学科专业建设规划不够科学合理，建设水平有待提高

在"双一流"建设背景下，科学合理的学科专业发展规划已成为造就学科优势，加强学科特色，提高地方性高校竞争力的关键。但分析十四所建筑类高校的学科专业建设现状及学科专业结构调整情况，不难发现十四所建筑类高校缺少科学的学科专业规划。这种规划的缺失首先体现为专业设置随意而盲目，缺少全局规划，无视学校条件，不遵循纪律和专业建设的原则。因此，学科专业设置不科学，基础性及特色性专业没得到应有的发展，从而导致地方人才结构性短缺。高校应坚持"准确定位，目标明确、加强建设、发挥优势、办出特色"的基本原则，紧密结合地方产业需求，衡量目前各专业的建设基础，建立国家、省、校三级重点特色专业体系。但是对十四所建筑类高校的优势学科专业建设进行梳理会发现，在第四轮学科评估中，只有南京工业大学的一个学科达到了A，其余十三所高校均没有A级学科，总体上十四所建筑类高校以B和C居多。第四轮学科评估结果在一定程度上说明高校在优势学科建设上，一方面高层次高级别学科专业不够，另一方面整体入选数量也较少；从一流专业建设上来看，无论是省级还是国家级，除西安建筑科技大学、南京工业大学、青岛理工大学外，其余十一所高校所占数

量比例都不是太大。"双一流"建设要求建筑类高校在办学过程中始终要坚持"扶优扶需扶持扶特"的发展理念，结合自身办学特点，充分满足当地区域经济社会发展的需求，整合办学相关资源，努力培育一批特色和优势不可替代的专业。然而，十四所建筑类高校在近几年的学科专业建设中并没有树立正确的发展理念。在对十四所建筑类高校学生和教师群体调查过程中，也有一些表示其所在高校的优势特色学科专业其实有比较强的实力和较大发展潜力，但是学校对其建设上的投入度不大，无法利用学校优势特色学科专业来带动高校核心竞争力的提高。以河北工程大学为例，从学科来看有 11 个，比有 9 个学科的南京工业大学还多 2 个，是十四所建筑类高校拥有学科最多的高校，其专业有 87 个（南京工业大学有 101），在十四所建筑类高校中排第二，然而第四轮评估中没有一个学科被评为 A 或 B 级，只有一个被评为 C 级的（计算机科学与技术）。这在一定程度上说明了，在"双一流"的建设背景下，仍有不少建筑类高校的学科专业建设发展观念存在偏差，不思考学校的办学条件、办学历史以及学科专业领域的布局情况，盲目追求本科专业的数量，新办"热门"专业，走综合化发展的道路，从而导致学科专业建设陷入困境——传统优势学科专业的建设水平逐步下降，新兴学科难以兴旺。

## 三、拔尖人才引进困难，缺少高水平创新团队

教师力量是提升高校人才培养质量的重要引擎，高水平、结构合理的教师队伍是高校开展科学研究并获得重大创新性成果、进行学科专业建设以及培养合格高校毕业生人才的前提与保障。清华大学的老校长梅贻琦曾说："大学者，非谓有大楼之谓也，有大师之谓也。"一所高校的办学水平取决于学科建设水平的高低，学科建设的主体是教师，因此，高校的水平和实力由其学术队伍的水平和能力来体现；学科的可持续性取决于其学术团队的结构。没有一流的师资队伍，就不可能建成一流的学科和一流的专业。在"双一流"建设的背景下，建筑类高校务必要加强学科实力建设，提高学科竞争力。这就要求建筑类高校势必要加强人才队伍建设，构筑高水平学科梯队。以"中国科学院院士""工程院院士""长江学者""杰青""千人计划"等为主体的高水平学者已经是高校争相引进的主要目标。对于优秀人才的吸纳，高校可通过各方面待遇对人才进行吸引，能明显刺激高校科研成果的快速形成，进一步获得地方的支持及全社会各个群体的认可，最

终还可以物质的支持，形成良性循环。然而，除北京建筑大学、南京工业大学少数几个具有大城市经济发达、区位优势外，当下所面临的情况是建筑类高校高水平人才流失日趋严重。建筑类高校虽然对高层次人才需求量大，但由于其工作环境、工资待遇不具有竞争力，致使很多高水平人才离开了建筑类高校。总体来说，目前高端人才的缺乏是阻碍十四所建筑类高校一流学科和一流专业建设的重要因素之一。建筑类高校要想以一流学科和一流专业建设为引领在"双一流"建设中积极作为，就势必要在今后的发展中加强对师资队伍建设的重视，培养和引进学科带头人和拔尖人才，为建筑类高校一流学科和一流专业建设带来强有力的保障。

## 四、学科专业建设经费严重短缺，学科专业发展缺乏物质保障

《统筹推进世界一流大学和一流学科建设总体方案》开篇便提到：这些年来，凭借开展"211 工程""985 工程"等重点建设项目，一些重点大学和重点学科取得显著进步，我国高等教育的总体水平有所提高。同时，重点建设也暴露出"身份固化、竞争缺失等问题"。面对这些问题，"双一流"建设提出"倡导公平竞争，在公平竞争中做到扶优、扶强、扶特。"双一流"建设所坚持的问题导向，打破身份壁垒，摆脱了等级束缚，鼓励公平竞争，强调统筹推进，这样更易于建筑类高校获取资源。《统筹推进世界一流大学和一流学科建设总体方案》的落地无疑为建筑类高校的发展提供了前所未有的机遇，同时也给建筑类高校的发展带来了挑战。长期以来，我国高等教育分为"985 工程"高校、"211 工程"高校、部委高校、地方性高校等。这种固化的身份秩序，归根结底还是资源配置问题。国家将主要财力投向少数重点高校，而地方性建筑类高校则是在夹缝中求生存。资金和资源的低投入是过去阻碍建筑类高校前进的"大山"。这座"大山"带来的不良影响在短时间内难以根除，如何抓住"双一流"的建设机遇，尽快跨越发展不平等造成的鸿沟，消除"大山"带来的消极影响，是建筑类高校需要审慎思考的重要课题。"双一流"建设对于十四所建筑类高校来讲是一个发展的机会，通过对这十四所建筑类高校近几年的经费统计以及结合调查的反馈结果不难得知，经费短缺已经成为学科专业建设过程中的最大问题。十四所建筑类高校都在不同程度上存在着经费总投入少，来源偏单一、专款专用难以与满足学科专业建设实际需求精确匹配等问题。学校吸收社会力量参与办学的广度和深度存在不足，吸引社会资源注资的程度不高，总体上

学校办学经费增长乏力，财力不足，使保持学科专业建设经费不断增长存在一定的困难。另一方面，科研成果的产出需要充足的经费作为保障，十四所建筑类高校办学经费的短缺也导致对一流学科和一流专业实验室建设投入不足。据调查，十四所建筑类高校在"双一流"建设过程中缺乏对高校内部基础设施建设与完善的重视，集中表现在部分实验室条件较差，基础设施陈旧老化，更新速度慢，难以支撑师生的学术研究，无法建设一个高水平的学科平台，对实验室建设缺乏长远规划和保障措施。建筑类高校以工科专业为主，工科专业的教学仪器设备需要较大投入，但是由于办学经费总额偏低，可用于实验室设施建设的资金更是少之又少，导致仪器设备更新率不高，部分设备超期服役，先进的大型仪器设备欠缺，与培养学生解决复杂工程问题，提高实践能力和创新意识的新需求不相适应。此外，随着近年来高等学校的连续扩招，几所学校被迫借债扩建或建造新校区，背上了沉重的债务包袱。在这种情况下，一流学科和一流专业建设经费的筹措日益艰难，一流学科和一流专业建设经费的严重不足成为制约十四所建筑类高校参与"双一流"建设的一个重要因素。

# 第七章
# 美国常春藤大学学科专业建设经验借鉴

通过对美国常春藤大学学科建设经验的研究发现，我国一流学科和一流专业的建设与国外一流学科和一流专业的建设还存在一定差距，主要表现在学术成果、师资力量、科研基地、本科生教育与研究生教育有效沟通和衔接等方面。要想更好地完成一流学科和一流专业建设，就要找出常春藤大学之所以是美国一流名校的原因，然后结合建筑类院校发展的现状，汲取美国常春藤大学学科专业发展的闪光点，提出一些建议，在"双一流"建设背景下总结建筑类院校学科专业建设的经验。

# 第一节　美国常春藤大学学科建设特点

十四所建筑类高校（除少数高校外，如北京建筑大学）由于地处地方，经济发展水平有限，自身条件落后，再加上教育资源有限，无法同经济发达地区（例如北上广及沿海城市）的高校发展看齐。基于这样的现实条件，通过研究美国的常春藤大学，发现其学科专业建设的特别之处，总结经验和方法，为推动建筑类院校学科专业发展提供帮助。常春藤大学由美国东北部地区的八所大学构成，是全世界产生最多罗德奖学金得主的大学联盟。这八所院校包括哈佛大学、宾夕法尼亚大学、耶鲁大学、普林斯顿大学、哥伦比亚大学、达特茅斯学院、布朗大学及康奈尔大学，都是世界一流名校。这些学校办学时间长，教学水平高，拥有优秀的学生与师资，享有国际盛名，是许多学生向往的高等学府。一流之所以为一流，肯定有它不同于其他院校的特点。

## 一、经济的保障和政府的支持

在美国，常春藤就是顶尖大学的代名词，常春藤大学的学费非常昂贵，不是一般家庭可以负担得起的。但常春藤大学绝不是贵族子弟的聚集地，它的入学条件极其严格，如果达不到入学标准，再有钱的人也无法享受一流学府的教育。在这里，富人和穷人享有平等的机会，这也是常春藤大学长盛不衰的原因之一。

美国八所常春藤大学都是私立大学，这些大学不仅得到美国联邦政府的资助，还可以得到一些私人捐赠，例如校友会的赞助。他们是全世界接受捐款最多的学府，这些资助被用于科学研究。大学中的很多科研活动能够获得国家财政拨款，国家财政的支持保障了科研项目的顺利进行，使学科得到发展。美国的政府立法保障高校权利，立法内容包括加大教育经费投入的力度，支持高校里的创新创业等来促进学科专业发展。美国政府不仅对常春藤大学起到了支持作用，同时也发挥着监督作用。这充分说明了财政和政府的支持是一流大学学科专业建设的重要保障。

## 二、强化学科专业优势

世界的一流大学都是以一流学科专业为基础的。大学由多种学科专业构成，如何协调好各学科专业之间的发展也是学科专业建设中必须探讨的问题。一流大学的一流学科和一流专业之所以能够被人记住是因为它有足够的优势。其中，哈佛大学是美国历史最悠久的大学，其优势学科专业有工商管理学、经济学、历史学、数学等。耶鲁大学的校训是光明和真理，优势学科专业有社会学科、人文学科、生命学科等。宾夕法尼亚大学的校训是空谷足音，意识是广漠大地上对知识的互换，优势学科专业有人类学、经济学、心理学。布朗大学是八所学校中最具创新精神，最开放的大学，优势学科专业有经济学、数学、物理学等。康奈尔大学是学科专业设置最全面的大学，优势学科专业有酒店管理学、农学、工程学等。普林斯顿大学是美国思想的摇篮，优势学科专业有数理学、哲学、公共政策学等。哥伦比亚大学的优势学科专业有医学、法学、工商管理。达特茅斯学院的优势学科专业有生物学、计算机学、工程学等。

资源是有限的，无法使每一个学科专业都变成优势学科专业，优势学科专业需要优先发展。世界的一流大学都是由一流学科和一流专业带动发展起来的。加州大学伯克立分校前任校长田长霖曾这样认为：最优秀的学科专业在一所研究性大学里应当受到最大力度的扶持，成为一把利刃，其他学科专业随之追赶上来。拥有突出学科专业的学校，在世界学校之林的地位往往上升很快。所谓闻道有先后，术业有专攻。一个学校只有让自己最优秀的学科专业达到世界一流，其他学科专业才能被带动起来，次序衔接从而达到最高水平。一旦有了这个目标，围绕主干学科专业，其他学科专业配合发展，从而达到世界一流。正是因为坚持和强化优势学科专业的发展，我们才会一提到心理学就想到斯坦福大学，提到管理学就想到哈佛大学，提到经济学，就想到麻省理工学院，这就是发展优势学科专业的好处，能够使这些大学成为国际上的一流大学。

# 三、拥有高水平的学术队伍

常春藤大学拥有优秀的师资队伍，各个学校对教师的选拔和聘用都有完善的考核和竞争机制，以确保学科专业队伍拥有较高的学术水平和长期发展的潜力。常春藤大学中的教授助理都具有博士学位，对新教师的选用，是完全公开透明的，是面向全世界各个地方的人才选拔，甚至会不惜重金，向其他高校挖掘优秀的教师资源。

例如，哈佛大学对人才采用终身聘用制，但教师的聘用制度就非常的严格。哈佛大学副教务长包弼德教授在接受访问时提到，哈佛大学的教师考核制度非常繁琐，聘请教师时教师接受学校的第一轮选拔，在进入大学任教之后考核就正式开始了。在接下来的两年中，学校要考核教师的科研能力和教学能力，相比之下，哈佛大学更看重教师的科研能力，有99%的教师都具备非常优秀的科研能力。

当第五年来临的时候，教师要接受严格的考核，考核的内容不仅包括科研任务的完成情况、教学的效果，哈佛大学还非常重视学术界其他学校和其他老师的评价。如果顺利通过考核，将被晋升为副教授，如果考核不合格会被辞退。第八年的时候还会有一个更加严苛的考核，除了上述考核之外，还会请校外的教授根据教师在学校的表现进行匿名评审。2014年度，康乃尔大学有1628位教师，另外医学院及医疗科学研究院分别有412位及302位全职或兼职教员。康奈尔大学的师资雄厚不仅表现在数量上，还表现在质量上，如表7-1所示。

表 7-1　康奈尔大学优质师资资源获奖情况

| 得奖名称 | 得奖人数 |
| --- | --- |
| 诺贝尔奖（Nobel Prize） | 35（其中30位已去世） |
| 克拉福德奖（Crafoord Prize） | 1 |
| 图灵奖（Turing Award） | 2 |
| 菲尔兹奖（Fields Medal） | 1 |
| 荣誉勋位（Legion of Honor） | 2 |
| 世界粮食奖（World Food Prize） | 1 |
| 国家科学奖（National Medal of Science） | 4 |

续表

| 得奖名称 | 得奖人数 |
|---|---|
| 沃尔夫奖（Wolf prize） | 2 |
| 麦克阿瑟奖（MacArthur Award） | 4 |
| 普利策奖（The Pulitzer Prizes） | 3 |

## 四、卓越的科研成果，造福人类社会

常春藤大学的卓越还表现在，这些学校均拥有对人类社会影响深刻的科研成果，高等教育归根结底是人民的教育，是社会的教育，是国家的教育。教育从社会中汲取营养，就应该将科研教学成果反馈给社会。常春藤作为世界一流大学的佼佼者，吸收了大量的优质生源，选拔了顶尖的师资力量，同时还拥有来自国家、政府、校友、社会各界支持和捐赠的科研经费。在这种情况下，常春藤大学产出了大量的科研成果，其中以哈佛大学最为卓越，如表 7-2 所示。

表7-2　哈佛大学卓越科研成果展示

| 姓名 | 卓越成果 | 姓名 | 卓越成果 |
|---|---|---|---|
| 大卫·休伯尔 | 视觉系统方面的研究 | 琳达·巴克 | 嗅觉方面的卓越研究 |
| 巴茹·贝纳塞拉夫 | 发现控制免疫反应的、遗传的细胞表面结构 | 达德利·赫施巴赫 | 研究化学基元反应体系在位能面运动过程的动力学 |
| 诺曼·拉姆齐 | 研发超精密铯原子钟和氢微波激射器 | 约瑟夫·默里 | "人体器官和细胞移植的研究"的贡献 |
| 艾里亚斯·詹姆斯·科里 | 计算机辅助有机合成的理论和方法 | 里卡多·贾科尼 | X射线天文学方面的先驱性贡献 |
| 沃特·吉尔伯特与弗雷德里克·桑格 | 发展测定 DNA 序列的方法 | 罗伊·格劳伯 | 对光学相干的量子理论的贡献 |
| 杰克·绍斯塔克 | 发现端粒和端粒酶保护染色体的机理 | 马丁·卡普拉斯因 | 为复杂化学系统创造了多尺度模型 |

# 五、用学科资源推进本科生研究性学习

美国常春藤大学本身具备丰富的高水平学科资源，科研水平高，根据这一特点在本科生的培养中实行以研究为基础的教学模式，将科研与教学真正融合起来。洪堡所提出的教学与科研相统一的理念在美国高等教育学界受到广泛认可，在此基础上，美国教育学家和心理学家布鲁纳于20世纪50年代提出了"发现学习"这一概念，主张学生在学习过程中要通过独立的探索及思考而获得答案。同时，施瓦布提出了探究学习理论，主张进行探究性的教学和学习，强调学生的主动性和创造性。

在第二课堂中，研究性的教学和学习体现在各种各样的本科生科研计划中，督促本科生在教学课程之外主动参与科研。常春藤大学早在20世纪60年代就实施了"本科生研究机会计划"，本科生从入学开始就有机会参与科学研究，尤其是在1998年博耶报告发表之后，报告提出了研究型大学要充分利用本身的研究资源来提高本科生的教学质量，要让本科生、研究生以及教师共同进行科研探索，为本科生提供尽可能多的科研机会。这让本身已经开展本科生科研的研究型大学更加重视这方面的工作，成为重建本科教育，培养创新型人才的支撑。还未开展这方面工作的研究型大学则增设了相关计划。如今，在美国，不仅常春藤大学用学科资源推进本科生的研究性学习，几乎每所美国研究型大学都实施着不同形式的本科生科研计划，这已经成为美国研究型大学本科教育当中必不可少的常规计划。本科生研究机会计划，这一方案为全体本科生提供了参与科研的机会，学生可以选择参与任何院系的研究活动，通过与教师和其他学生的协作完成科研任务。通过参与科研，学生可以获得学分，也可以勤工俭学或做志愿工作。第二课堂还有独立活动期。每年的1月份，很多高校本科生可以自由选择自己感兴趣的研究项目，可以在校内的几十个跨学科实验室和高水平研究中心开展独立研究或是在老师的指导下研究。

此外，在第一课堂中，研究性的教学和学习主要体现在课堂教学方法的改变。哈佛大学于20世纪60年代开始实行的一年级习明纳计划引起了强烈反响。1998年发表的博耶报告更是建议要建立以探索为本的新生年。习明纳成为美国研究型大学广泛采用的教学模式和方法。习明纳翻译自英文Seminar，也就是学生组成研讨小组，在教师的指导下围绕某个学术话题进行研讨，从而培养学生的科研能力。哈佛大学的一年级习明纳项目中，学生可以自由选定不同学科的主题，班级人数控制在14人以内，学生要阅读小组布置的材料，进行讨论与写作，在3~4人参与的导师辅导课程中，学生的主要任务是阅读并评论学术论文。习明纳其实不只是教学模式，也是科研的一种组织形式。它把人才培养与科学研究融为了一体，不仅能够促进创新人才的培养，还可以推进大学学术的进步，推动科学发展。

## 六、本科生教育与研究生教育有效沟通和衔接

在美国常春藤大学中，曾有人认为重心应该是研究生教育。相对于本科教育来说，研究生教育事实上也曾处于强势地位。然而，研究生教育和本科生教育二者对于研究型大学来说同样重要，缺一不可，不应该相互对立，也不应该在地位上相互较量。常春藤大学认为，研究型大学的发展既有赖于发达的研究生教育和科学研究，也有赖于发达的本科教育。研究生的教育具有专业性和专门化的特征，本科教育则偏向于通识性，二者具有不同的培养目标，都是研究型大学人才培养中必不可少的一环。此外，研究生教育与本科生教育二者应当是相互支撑、相互促进、互助共赢的关系，高质量的本科教育为研究生教育提供了源源不断的优质生源，优秀的研究生教育培养出的研究生为本科生提供了学习的榜样，让本科生对学术研究产生向往。此外，本科教育也可以借鉴研究生教育的某些教学经验，大力推进本科生参与科研其实也是受到了研究生教育的影响。在美国的常春藤大学，研究生担任本科生助教是一种常见的现象。曾有人认为这是因为研究型大学不够重视本科教育，所以才让研究生辅导本科生来敷衍了事。然而，让优秀的研究生参与本科教学，帮助教授辅导本科生，是有其背后的道理的。其积极意义主要体现在研究生的年龄与本科生相似，他们对自己所从事的学科怀有热情，而且这种热情能够传递给本科生。20世纪起，常春藤大学将加强本科生和研究生之间的学习交流作为本科教育改革计划的一部分，支持本科生加入研究生的科研课题，也支持研究生在本科教学中担任助教。这在实践中取得了很好的成果。此外，常春藤大学为了促进本科教育与研究生教育的衔接，还开展了工程实习项目，帮助本科生与研究生实现双向互动。本科生在这一项目中可以到实验室或是学校之外的单位与研究生共同参与科研，将科研项目与实际工作相结合，本科生可以借此获得实践经验，研究生的科研经验、态度和热情都可以对本科生产生正面影响。

## 第二节　对建筑类院校一流学科和一流专业建设的启示

### 一、合理设置学科专业，促进多学科间的协调发展

现在很多高校设置了各种各样的学科专业，但是在大学刚出现的时候其实没有这么多学科专业，而是随着学科专业体系不断完善和社会经济的需求，学科专业的种类才不断增多。目前的高校中，学科专业种类繁多，这些学科专业的形成是慢慢积累起来的，有些学科专业的建立和发展是符合社会经济发展需要的。在多种学科专业并存的情况下，无法使每一个学科、每一门专业都变成一流的，这就要求高校合理设置学科专业，学科的设置要符合国家规定和学校人才培养的目标，符合高校的发展定位。只有围绕主干学科专业调整学科专业布局，协调多学科专业之间的发展，才能更好地打造一流学科和一流专业。

### 二、注重学科专业间的交叉发展

通过研究美国常春藤大学学科专业建设可以看出，这些高校的学科专业发展具有以下特点。

① 学科专业交叉现象明显，学科专业之间存在交叉发展，高校很看重基础学科专业的发展。

② 以强大的应用科学为学科专业主干。基础学科专业是学科专业发展的基础，基础专业发展好了，会给其他学科专业发展奠定基础。同时，应用学科专业的发展与基础学科专业的发展又相辅相成，应用学科专业发展好了会促进基础学科专业的不断完善。可见，在发展学科专业的过程中，不仅要注重基础专业和应用学科专业各自的发展，还要加强学科专业间的交叉发展。

## 三、注重优秀学科专业带头人的培养

每一所大学都是历经不断发展，创建出一流学科和一流专业，才成为一流大学的。优秀的学科专业带头人在建设过程中起到了不容忽视的作用。大师级的学科专业带头人能够给学科专业队伍注入源源不断的动力，比如帮学校争取硕士点、博士点，或是带领教师完成难攻克的课题。所以在学科专业建设中，要注重学科专业带头人的培养，要能引来人才、留住人才，发挥人才的价值。

举个例子，J.斯科特·阿姆斯特朗是宾夕法尼亚大学（著名的研究型大学）沃顿商学院的市场营销学教授。他之所以出名是因为他擅长运用预测方法，他的相关书籍受到了大家的追捧，并和前副总统就地球气温是否会上升这一问题打赌。他因为自己的预测方法而闻名，同时作为宾夕法尼亚大学沃顿商学院的教授，也代表了这所学校的学科发展水平。格里高利·曼昆是哈佛大学历史上最年轻的终身教授，为经济学领域的研究做了很多贡献，他的《经济学原理》是许多高校学生的必读书目。正是他的卓越，为哈佛大学经济学科专业的发展增色不少。

## 四、发展已有特色学科专业，带动一流大学的建成

虽然美国常春藤大学有很多世界一流学科和一流专业，但在很多时候，一所高校之所以成为一流，是因为高校的某一个具有特色的一流学科和一流专业，可见特色学科专业对于学科专业建设的重要性。所以，世界一流大学的优势学科专业和特色学科专业建设的根本问题是要依据所处时期学科专业建设的要求，选择具备一定发展条件和发展潜力的学科专业进行着重发展，建成一流学科专业。一流学科和一流专业的建设是一个漫长的过程，选择特色学科专业来带动高校的学科专业发展是一个值得实践和尝试的方案。

## 五、实行融教研一体的研究性本科教学模式

我国高校的教学模式一直以来都是以讲授法这种单向知识传播为主，学生在学习过程中往往是被动接受。尽管目前我国对研究性教学模式进行了一些探索，

不过不得不承认，我国本科教学中还存在一些问题，影响学生创造性思维的形成，不利于他们了解科研。美国近年来充分利用了 20 世纪 60 年代的一些教育思想，形成了以发现和探究为基础的本科教学模式，大力推进以发现和探究为基础的学习，使得教学与研究能够统一起来，成为创新型人才培养的重要途径。近年来，我国一些高校开始在本科生的人才培养中引入美国常春藤大学的本科生科研计划，如引进案例教学等研究性的教学方式，开始注重以研究促进教学，但是仍然处于探索阶段，没有形成体系，参与的学生不多，分布的院系不广。我国大学在进行本科教学改革时，要充分借鉴美国常春藤大学本科生科研管理以及研究性教学中的成功经验，充分利用本校一流学科和一流专业的科研项目以及一流师资，增加学生参与教师科研活动的机会或是让学生自己选题研究，并让相关教师进行指导，在制度上引起教师的重视，加强对学生科研全过程的指导及监督，这样既能促进科研的创新，也能提高本科教学质量。在课堂教学中，更要鼓励学生在探究中学习，在学习中探究，在学习基础知识的同时提高实践和创新能力。与此同时也要认识到，必须把教学和科研活动紧密结合起来，使学生能够接受拥有丰富研究经验的教师指导，从而逐渐形成研究能力和创新精神，让所学知识能够在实际中获得检验，使他们的实践能力和创造能力得到提高，达到真正的学以致用。

## 六、本科生教育与研究生教育相互贯通

在美国常春藤大学中，本科生与研究生教育之间的互相交流沟通是培养本科生科研兴趣、科研思维以及创新能力的重要方法。然而，当前我国本科生与研究生教育之间存在着互相脱节的现象，甚至会互相争夺资源，还没有意识到二者相辅相成的关系。学生在课堂上独立学习，缺少像美国常春藤大学那样获得研究生助教指导或与老师和研究生共同参与科研的机会，研究生与本科生的教育资源难以共享。大部分教师与本科生之间交流机会较少，影响了学生对未知事物的好奇心以及创新能力的发展，这样会导致本科生在进入研究生阶段的过程中陷入困境。我国高校可以向美国常春藤大学借鉴经验，促进本科生与研究生之间的沟通交流，让丰富的研究生教育资源为本科生的教育服务，形成本科生与研究生教育互通的多元化人才培养体系，改变向研究生教育过度倾斜的现状。例如，通过让本科生与研究生共同参与科研项目或是由研究生担任本科助教，增强他们之间的沟通合作，这种双向互动让本科生可以从研究生身上学习到正确的科研态度，对科研产

生浓厚兴趣，让本科生向研究生的过渡更加容易。与此同时，本科生活跃的思维也可以给科研活动带来新的活力，研究生通过这些实践可以积累经验，掌握一些指导本科生科研的教学技能和方法，对教师这一职业有更加深入的了解，未来如若成为教师，可以在教学工作和科研工作中表现得更加优秀。此外，高校还可以通过制定相关的制度政策，开展研究生与本科生一体化的科研活动，保证二者之间可以共享教育资源。

## 七、建立科研与教学成效的协同评价机制

美国常春藤大学为了促进本科教学质量的提高，在教师发展中融入了教学学术的标准，建立了教学与科研相融合的教师发展机制，尤其是科研教学评价机制，在教师晋升、职位评审以及奖励中十分重视教学学术这一评价标准，这样使得建立起来的教师队伍在重视科研的基础上更加重视教学能力的提高和教学方法的改进。而正如前文所提到的，目前我国在教师评价以及高校办学条件评价中仍然更加重视论文发表、科研项目和经费，以及科研成果，这种评价方法虽然有利于科研水平的提高，却会导致教学工作被忽视。要改变这种状况，我国的一流大学在一流学科和一流专业建设中应该向美国常春藤大学学习，通过改革当前的科研教学评价机制，鼓励教师提高教学水平，包括教师的晋升制度、职称评审、奖励制度等，增强教师在本科教学中的参与程度。例如，在校内增加教学型的教师职位，根据校内不同学科的水平合理分配研究型教师，提高教学研究型教师以及研究型教师的比例，打通不同类型教师的晋升通道。此外，要提高教学学术在评价制度中的地位，改革对教师教学水平的评价方法，增加如研究报告、研究成果展示、同学评价等方式，更加重视教学方法的创新以及在教学中引入科研成果和科研方法。对于教学成绩突出的教师要给予适当的奖励和经费支持，建立适当的教学激励机制，将教师的职称、评优评奖等与教师的教学成绩挂钩，让致力于教学的教师获得应有的回报。

## 八、构建起跨学科的通识与专业课程体系

要促进创新型人才的培养，实现通识教育与专业教育的平衡非常重要。在美国常春藤大学的通识教育计划中可以看到，课程设置囊括了自然科学、社会科学

以及人文科学，让学生能接收到跨学科的知识，这样也就全面涵盖了人类所面对的现实世界的所有关系。近年来，我国大学已经开始逐渐增强对通识教育的重视，不过仍然更加偏向专业教育，很多学校的课程设置不够全面科学，学科之间交流很少，自然科学与社会科学、人文学科之间没有相应融合，学生所学习的跨学科及交叉学科课程很少。在跨学科建设方面，我国高校虽然有了一定的实践成果，但是并没有贯彻到人才培养的各个方面，跨学科人才培养活动大都被局限在某些跨学科的人才培养项目之中，以机构或是实验班为载体。而美国的跨学科理念则贯穿到了通识教育以及专业教育之中，在本科教育中致力于培养宽口径、学科基础宽厚的人才。我国的一流大学应该借鉴美国常春藤大学的教育模式，加强通识教育课程的建设，在本科教育中加入包括阅读写作、文化艺术、历史地理等人文和社会学科的教学，打下广博的跨学科知识基础，培养综合素质，补全之前课程设置上的缺失。一方面，要注重本科生所学知识的基础性和广博性，通过通识教育中的核心课程让学生了解多个学科的基础知识与方法，打下宽厚的知识基础，培养学生的创新意识；另一方面，在重视学生知识广度的同时，也不能忽视深度，在专业教育中要让学生充分掌握所学领域的知识，根据社会发展需要和科技最新发展筛选课程内容，打破学科边界，建立起通识教育与专业教育相平衡，广度和深度相结合的跨学科课程体系，将科研成果应用到本科教育当中，推进创新人才的培养。

第八章

# "双一流"建设背景下建筑类高校一流学科和一流专业建设的发展路径

　　"双一流"建设作为国家高等教育的重要战略之一,它的实施给建筑类高校一流学科和一流专业建设既带来机遇也带来着挑战。如何在国家对高等教育进行新的战略布局即"双一流"建设背景下,使建筑类高校一流学科和一流专业建设更精进更有发展潜力? 如何以"有所为有所不为""有所大为有所小为""有所先为有所后为"的学科发展思路,化挑战为机遇,争取实现更多一流学科和一流专业建设的目标? 通过前几章对建筑类高校一流学科和一流专业建设的具体分析,在借鉴了国外一流大学——常春藤大学的学科建设经验之后,本章结合第五章"双一流"建设背景下建筑类高校一流学科和一流专业的SWOT分析和第六章建筑类高校一流学科和一流专业建设存在的问题及原因分析,在构建"双一流"建设背景下探索建筑类高校一流学科和一流专业建设的发展路径。

# 一、优化学科专业布局,增强一流学科和一流专业建设的适应性

　　"双一流"建设强调"有为才能有位",如何"有为"增强建筑类高校竞争力值得思考。国内学者研究表明一流学科和一流专业是"双一流"建设的基石,就当前建筑类高校的资源、平台、学科、专业等综合实力来说,能与部委属高校相竞争,对标"入围"一流学科建设的仅有十三所建筑类名校,绝大多数建筑类高校应选择用"突围"来实现"有为",以服务地方的突围方式,夯实建筑类高校学科专业实力,从而更好地实现"一流学科"建设目标,其一流学科和一流专业建设可持续发展的落脚点是扎根地方。因此,在"双一流"建设的大背景下,建筑类高校"突围"的内在动力在于,坚持以区域经济为基础的一流学科和一流专业建设定位,使一流学科和一流专业发展与地方经济产业发展紧密结合,提高一流学科和一流专业的适应性,同时地方政府也要对建筑类高校的一流学科和一流专业建设进行正确的政策引导,帮助高校树立一流学科和一流专业建设与地方经济社会共生发展的理念。

　　首先,政府指导建筑类高校坚持服务地方经济社会发展的目标。大多数建筑类高校由地方政府与住房和城乡建设部共建,但由地方财政支持、由地方管理等特性决定其一流学科和一流专业建设要扎根地方、服务地方,满足社会需求,推动产业创新转型,解决区域实际问题。政府要发挥政策导向功能,正确引领建筑

类高校一流学科和一流专业建设发展与地方经济社会发展、产业转型需求相契合，重点强调大学一流学科和一流专业的应用和服务，引导建筑类高校树立一流学科和一流专业建设与地方经济社会共生发展的理念，积极开展建设与区域经济发展需求相吻合的"立地"的一流学科和一流专业。

其次，政府指导建筑类高校建立政用产学研协同机制，发挥一流学科和一流专业平台辐射效应。克拉克·克尔认为自由竞争比集中计划能取得更好的效果，但需在规则和引导下进行，美国高等教育系统分化是自然演化的结果，较好地满足了社会变化需求，顺应了教育系统自身的发展特点。受经济发展方式转变、产业转型升级、社会市场要求等影响，建筑类高校向应用型大学转型，为此需要引导建筑类高校坚持"立足地方、回馈地方"的一流学科和一流专业定位发展原则，建立政用产学研协同机制，保障建筑类高校一流学科和一流专业发展与地方经济社会持续共生。同时还要求地方政府在顶层设计中为建筑类高校与区域经济产业、企业协同合作牵线搭桥，建设基金侧重于扶持学校，依托优势、特色及应用学科来建立服务于当地社会经济发展的非官方智库，进而开展与地方产业、企业、行业密切结合的科学研究和问题调研，推进政产学研结合。此外政府还可通过出台政策协调建筑类高校间跨校、跨学科的研学协作发展，打破当前城市大学城地理布局相近，高校间、学科间森严的壁垒，鼓励建筑类高校结合区域优势，根据自身学科专业特点，进行跨校、跨学科协作，集聚学科专业优势和区域资源，强强联合，搭建一流学科和一流专业平台，用一流学科和一流专业平台辐射带动建筑类高校一流学科和一流专业的建设和发展。

一流学科和一流专业的水平体现着一所高校的核心竞争力，建筑类高校的领导应该始终立足于学校的长远发展，做好一流学科和一流专业结构建设相关工作，加强顶层设计，将一流学科和一流专业布局的优化作为学校在"双一流"建设进程中的重点工作，对一流学科和一流专业规划予以完善。在具体的实施过程中可以借鉴一些高水平大学的做法，如在高校内部设置一流学科和一流专业建设专门指导委员会，由校长作为直接负责人；在指导委员会下成立一流学科和一流专业相关职能办公室，主要负责学校一流学科和一流专业的建设筹划，制定一流学科和一流专业长远发展目标，结合实际办学发展情况拟定具体实施方案，同时要发挥领导核心作用，积极组织指导学校各学院、各部门开展优化整合与培育新的一流学科和一流专业建设点等工作；定期加随机开展检查督促与审核评估工作，对一流学科和一流专业建设相关工作进展进行动态把握，以便及时做出调整。学校方面还要与时俱进，结合实际发展情况制定并出台新的一流学科和一流专业建设总体规划与相关制度，从而有效统筹调配各方面的资源。总之，在谋划一流学科和一流专业布局时始终要注重学校、学院在其建设过程中的领导核心作用。加强校领导对一流学科和一流专业建设的统筹与协调，将其作为党政联席会议、学术委员会会议的重要议事内容，并且进行定期研究谋划；成立运转有效的"学校—部门—学院"三级管理机制，结合各个高校发展的实际情况谋划科学合理的一流学科和一流专业布局，共同推进高校"双一流"建设。

## 二、强化有建筑类特色的社会服务

一般来说，一流学科和一流专业建设的目的主要有三个，即培养人才、发展科学、为社会服务。人才培养是一流学科和一流专业建设的核心，科学研究是一流学科和一流专业建设的前提与推动力，而社会服务是一流学科和一流专业建设的最终目的。根据个性理论分析，建筑类高校作为我国高等教育的主体部分，为区域社会发展服务是其根本，这就是其共性，但是由于建筑类高校为区域社会服务的对象、方式、层次及途径不同，而且与重点大学（十三所建筑类名校除外）相比，建筑类高校的科研水平、办学实力以及社会影响力等差距还是比较大的，建筑类高校为实现服务区域发展的终极目的，必须强化建筑类高校的特色，即要有自己的个性，充分发挥区域优势，融入区域经济社会发展中，以自身特色服务区域经济和社会发展，以实现共性与个性的辩证统一。因此，建筑类高校要想形成办学特色，就必须坚持为地方经济社会服务这一共性，只有这样才能突出个性、办出特色。

建筑类高校要想形成有特色的社会服务，就要从以下几个方面努力。

① 建筑类特色学科建设的地域性特征决定了建筑类高校要牢固树立主动为社会服务的意识，全方位开展服务，这也是建筑类高校之间的共性。教育部原部长周济曾提出，"高校要牢固树立立足地方，依靠地方，主动为地方发展服务的意识，将服务于地方经济社会发展作为一种责任、一种使命和办学目标来追求"。建筑类高校树立为区域社会经济发展服务的思想，最重要的就是要根据自己的实际办学水平、建筑类学科特色，坚持孵化和发展具有发展潜力的建筑类特色优势学科，即建筑类高校挖掘出自己的个性；同时，又面向区域经济发展需求，了解区域内的民众需求、产业结构和人才需求等状况，调整自身科研方向与布局，明确定位，以适应社会经济发展的需要，与社会发展需要紧密结合起来，即建

筑类高校通过找出自己的优势与特色，达到共性与个性的辩证统一，这样不仅可以有效带动建筑类高校自身一流学科和一流专业建设的发展，而且有利于为特色优势学科提供更大的发展空间，引导建筑类高校走科学发展之路，打造自身特色。

② 特色学科建设的应用性特性除体现在培养应用型人才方面，还体现在学会运用特色，运用特色学科的科研成果，也就是要推进产学研用结合，加快科技成果转化，规范校办产业发展。"产学研用相结合"就是指生产、学习、科学研究和实践运用的系统合作，从学校方面来讲，就是充分利用学校与企业、科研机构等不同的教学环境和教学资源以及在人才培养方面的优势，把课堂传授知识为主的学校教育与直接获取经验和提高实践能力为主的企业生产以及科研实践有机结合起来的一种教育形式。它与"产学研结合"最大的区别就是以企业为主体，以市场为导向。产学研用结合对于地方高校来说，不仅有利于多渠道筹措科研经费，增强一流学科和一流专业建设的动力，而且还有利于促进优势、特色学科的形成。产学研用相结合，一方面把学科优势、技术优势转化为产业优势，推动企业的发展；另一方面，产业的优势又会为一流学科和一流专业建设、科学研究以及人才培养提供强有力的支撑。建筑类高校应该将一流学科和一流专业建设作为一个发展目标，主要还是要以推动区域经济社会发展为主，以特色科研项目为纽带，瞄准当地企业发展中的重大技术、科学问题，充分调动教师主动性和积极性，汇聚多学科的优秀学科团队，集中优势资源，与地方政府、企事业单位加强研究项目的合作。同时，以良好的区域服务环境为基础，建筑类高校可以主动帮助企业解决难以解决的科技问题，共建科研平台，实现校企良性互动，促进高校学科、人才、科研与产业互动，打通基础研究、应用开发、成果转移与产业化链条，促进建筑类特色科研成果的产出，推动重大科学创新、关键技术突破转变为先进生产力，增强高校创新资源对经济社会发展的驱动力。

③ 建筑类高校还可以通过开放式的办学模式，根据地域文化特色与经济发展对人才的需求，为区域社会成员提供继续教育服务，积极推进文化传播，弘扬建筑类高校优秀传统文化，也可以鼓励师生开展志愿服务，开展科学普及工作，提高当地公众的科学素质和人文素质，并积极参与地域社会发展的决策咨询，主动开展前瞻性、对策性研究，充分发挥当地智囊团、思想库的作用。

## 三、重视师资队伍在一流学科和一流专业建设中的作用，加强一流师资队伍建设

人才是经济社会发展和科技进步的重要资源，当今社会，高等学校综合实力的竞争突出表现为人才和智力的竞争。为汇聚高水平的一流学科和一流专业建设人才，建筑类高校要结合社会发展要求和区域经济发展的需要，确定若干明确的一流学科和一流专业研究方向，为教师创造良好的环境，采用引育结合的方式，汇聚创新能力强的高层次人才。

《关于高等学校加快"双一流"建设的指导意见》提到，人才培养关键在教师。在建设师资队伍的过程中，需要严把思想政治素质关，将师德师风作为评价教师队伍素质的第一标准，将理想信念、道德情操和扎实学识等优秀品质贯彻到师资队伍建设的过程中去。在"双一流"建设的背景下，建筑类高校应该加快创建一流师资队伍。但一流师资队伍的建设是为了满足一流学科和一流专业建设的发展需求，要以提高一流学科和一流专业水平为宗旨。科学制定并深入落实教师队伍发展建设规划，根据一流学科和一流专业建设发展规划、人才培养目标，结合"双一流"建设发展战略需求，坚持学科发展导向，合理规划一流学科和一流专业师资数量和结构。适度扩大专任教师队伍规模，创新人才引进办法和途径，积极通过"引、培"并举等方式加强师资队伍建设。

首先是"引"，建筑类高校要加大人才引育力度，采取有力措施，扩大师资队伍，优化师资队伍结构。同时，各学院也要充分发挥教师队伍建设的主体作用，科学研判学科发展趋势和专业发展未来，认真谋划学科梯队人才补充计划，校方要多方筹集资金，提升引育人才的能力，通过设立引才育才资金，为高层次人才及团队的引进和培养创造良好的基础条件。拓展通道，建立全员参与的引才体系，健全人才引进培育激励机制。

其次是"育"，各高校要进一步完善教师，尤其是中青年教师队伍的培训体系，加大对教师的培养力度，鼓励青年教师参与拔尖人才计划、长江学者奖励计划、青年学者项目等，加强中青年人才的国家化培养力度。建立健全普惠性支持措施，完善青年人才培养机制，搭建青年教师发展平台，组织教学和专业研修活动；创新青年人才培养、评价、选拔任用、激励保障等机制，着力培养青年科技创新领军人才。因此，建筑类高校应该根据一流学科和一流专业调整的需要来增强一流师资队伍建设，这样才能加快提高建筑类高校一流学科和一流专业建设的核心竞争力。

一流学科和一流专业师资队伍建设离不开学科带头人的选拔和团队的建设。高层次领军人物的辐射面是构建合理师资队伍结构和提高人才培养质量的关键，一流学科和一流专业的建设也离不开一流的师资队伍。建筑类高校要加强引进和培养杰出人才、领军人才及高水平创新团队。结合一流学科和一流专业实际发展情况，制定明确的引才育才规划。依托"千人计划""万人计划""长江学者""奖励计划"等人才工程，继续设立高层次人才引进项目和中青年骨干培养与培训项目，培养聚集一批具有国际影响的高层次人才和高水平创新团队，吸引、遴选和造就一批具有国内领先水平的学科带头人。同时也要树立高校国际化目标，大多数建筑类高校现有的优秀外籍教师占比偏低，不利于实现建筑类高校一流学科和一流专业领域发展与国际形成对接，因此建筑类高校在引进高水平、高学历人才时要注意通过招聘一流学科和一流专业领域的优秀外籍人才来扩充教师队伍，提升高校教师整体水平。具体措施如下：加强建筑类高校与国外知名院校、科研院所的联系与合作，发挥校友会的作用，积极谋划引才工作办法，扩宽引智途径，完善学校外籍人才招聘信息平台；同时可以下放招聘权利，鼓励支持校内各院系的专业学者在本行业领域内招纳优秀外籍人才。

可以说引进一流师资队伍和培育一流师资队伍其实都是在为用好一流师资队伍做铺垫。用好一流师资队伍能够为学校带来极大的创新潜力，为学生带来极大的知识收益。因此建筑类高校要创造用好一流师资队伍的良好氛围，在特殊情况下可以用制度来保证强制实施。"引、育、用"这三个方面做得再好，如果不留住教师，对于建筑类高校而言也是功亏一篑。因此，留住一流师资队伍十分重要。在"双一流"建设的背景下，留住一流师资队伍主要应该从两点着手：

① 在师资薪酬福利方面，建筑类高校要制定合理的薪酬政策，以此吸引优秀师资；

② 在学术环境方面，高水平师资一般都比较重视学术环境氛围，因此，构建良好的学术生态是建筑类高校留住一流师资的又一重要任务。

建立健全人才队伍的竞争激励机制。现今，高校对于聘任的教师大都采用的是合同制，但一般进入高校的教师都可以不断续约。因此通过建立健全人才队伍的竞争激励机制，实施优胜劣汰的法则。淘汰掉那些不符合要求、不合适的人选，使高校人才更加积极主动地为学科发展贡献力量，让有才识的人在适合的岗位上发光发热。而如果没有合适的淘汰机制，就会造成很多人才失去危机意识，对待工作不能全心全意，从而致使工作效率降低。另外，对于引进的人才也要进行严格的考评，只有不断推出新的学术成果，处于学术前列，才能维持高水平的学术状态，才能更好地体现人才的作用。否则会造成高层次人才丧失学术研究的积极性，既不利于高校教师继续攀登学术高峰，也会造成人浮于事的现象。最后，还要制定激励教师发展的鼓励措施，如加大对取得重大科研成果的教师的奖励力度等。

## 四、多元化筹措资金，加大科研投入

在当今高校科研活动规模急剧增加的情况下，制约高等学校科研活动规模的重要因素之一就是资金不足，教育投资对高校科研活动规模起到保障作用。"教育第一"全世界倡议活动是 2012 年联合国组织发起的，在一周年纪念活动上，习近平发表的贺词中指出："中国将坚定实施科教兴国战略，始终把教育摆在优先发展的战略位置，不断扩大投入，努力发展全民教育、终身教育，建设学习型社会……"因此，国家对高校科研资金的投入从"加大"逐渐变成"扩大"，内在含义是拓展科研资金投入的渠道。目前建筑类高校的科研经费主要来源于六个渠道：财政拨款（财）、教育税（税）、教育收费（费）、校办产业（产）、社会捐赠（社）、教育基金（基）。依靠不同形式、不同层面的社会服务与科研项目，拓宽收入来源，筹措科研经费，形成高等教育科研投资的重要渠道。高校多元化科研投资渠道可以包括以下几个方面。

① 积极争取政府的资金资助。包括财政拨款和政府资金资助两种。政府资金资助的方式有很多种，最优的方式就是积极申请实验室、基地和申报在人才培养方面的国家政策扶持，学校可以通过整合学术队伍，将了解相关政策的信息渠道拓宽。如通过及时了解最新信息，积极申请学科平台重点实验室、工程中心、人文社科重点研究基地等，以及积极申请国家在人才培养方面的政策扶持。据了解，国家对于诸如长江学者特聘教授、国家杰出青年科学基金等都有很大的奖励力度，积极吸引这些人才到建筑类高校任教，也会为一流学科和一流专业建设的科研环境带来一定的改善。

② 科研服务创收。建筑类高校可通过与企事业单位的合作来增加收益，根据企事业单位的要求与其联合进行开发，通过科研成果获得收益。另外利用自身资源，通过科技成果转让、进行科技咨询以及大量开展社会服务等活动，也可以拓宽创收渠道，增加科研收入。

③ 教育捐赠。教育捐赠的主体一般可分为个人和组织两大主体，包括校友、

基金会、公司、非校友个人等。捐赠的方式也多种多样，如现金捐助、慈善义卖、提供设施、实物捐赠等。可以通过改革捐赠方式，以建立相关法律制度为主，使捐赠者仅缴纳扣除捐赠部分的所得税，减轻其纳税义务。这样使得捐赠者既可以获得经济利益，又能够赢得社会荣誉。通过这种方式，激励更多个人或团体自愿捐赠教育事业，使捐赠逐渐稳步发展为高校的重要而又稳定的经济来源。

④ 学生收费。包括学费和住宿费等，学校可以在留学生的收费方面有所增强。

⑤ 银行信贷。学校通过向银行借款获取用于教学、科研、产业等方面的资金。

⑥ 融资租赁。也称现代租赁或资本租赁，通过租赁的方式将资产所有权的全部风险和报酬都转移出去，而所有权最终可能转移，也可能不转移。

整合各项资源，使各项资源得到充分利用，实现资源价值最大化，达到最优化配置。促进不同院系、不同专业和学科间师资、知识、科研活动等的交流和整合，使之实现知识共享，达到知识增值。对高校、企业和科研机构三方面的各项资源进行优化组合，进行校企协同、校校协同、校地协同、校所协同等。通过大力推进协同创新，提升科研水平，增强服务周边区域经济发展的能力。建筑类高校要充分利用一流学科和一流专业布局的优势，促进不同学科间的交叉融合，以优势学科和特色学科为引导，搭建重点科研创新基地与科技创新平台，对学校实验室、教研室、研究中心等实行开放式管理，使学校各科研人员能共享优质资源。通过不断打破学科间的壁垒，促进不同学科间学生、教师、科研等方面的交流与合作，扩大学科专业发展的交叉效应和协同效应，实现资源利用最大化。抓住国家"双一流"建设的机遇，结合建筑类高校的特点，打造学科专业高峰。充分整合各项资源，加大对企事业单位产学研的宣传力度。充分利用自身所在区域优势，积极建立校地合作、校企合作等。实现产学研一体化，提升产出重大科研成果的能力，将科研成果通过技术转让等方式，使学校和企业共同获益，不仅可以拓宽高校科研资金来源，也服务了区域经济的发展，实现校企共赢。

## 五、加强国际交流合作，提升一流学科和一流专业建设的国际化水平

在国家推进"双一流"建设的背景下，走国际化道路是建筑类高校一流学科和一流专业建设走向世界的必然要求。建筑类高校不仅应该打造国内知名的一流学科和一流专业，更应该打造成具有国际视野，建设世界前沿的高水平一流学科

和一流专业。在经济全球化不断深入的背景下，一流学科和一流专业建设必须积极引进国外高水平师资与优质留学生资源，通过与世界高水平大学和高等教育机构开展学术交流合作与科研项目合作，不断增强一流学科和一流专业的国际声誉与影响力。"一带一路"是当前国家加强国际交流与合作的重要平台，一流学科和一流专业建设必须注重国际领域的发展方向，尤其应该重视与"一带一路"沿线国家和地区的合作。这将有利于提升一流学科和一流专业建设的国际化水平。一流学科和一流专业建设寻求国际化发展路径，应该着重从两方面进行深层次考虑。

一方面，促进"引进来"与"走出去"，增强国际学术交流合作力度。"一带一路"倡议指出，通过加强沿线国家与地区的校长交流访问、教师及管理人员交流研修等举措，推动一流学科和一流专业建设交流与合作进程。注重吸引在国际具有知名度的专家学者与学校开展合作交流。可设立短期交流岗位，引进境外一流专家学者与学校合作。立足学科发展前沿，通过聘请外籍专家开展研究、讲学、短期授课，定期举办国际学术研讨会和研究生暑期课程等活动，扩大教师和学生的国际视野与创新能力，提高教学活动和人才培养的质量。同时不仅要"引进来"，也要委派教师到国外知名高校和研究机构进行交流研究、访学，为教师创造机会与国外学者开展合作研究活动。以"一带一路"建设为发展契机，建筑类高校应该结合国家、地区的海外人才引进计划，制定高校内部的留学师生特殊政策，设置留学师生专项发展资金，提高对留学教师与学生的生活待遇与资助力度，吸纳"一带一路"沿线国家以及其他欧美国家高水平大学的优秀人才资源，合理增加建筑类高校的国际师生比例。同时，提供一流学科和一流专业交流基金支持本学科人才的海外留学、访学计划，制定优秀留学教师与学生的奖励计划，激发师生深入实地进行一流学科和一流专业的"地方性知识"研究，不断加强与世界各国校长、教师及学生的深度交流、合作，促进不同地区优秀学科理念与思想渗透，以建设高水平与有特色的一流学科和一流专业。

另一方面，大力开展国际科研项目合作，提升一流学科和一流专业的国际竞争力。"一带一路"倡议明确提出，大力支持高校打造"一带一路"学术交流平台，建设国别和区域研究高地。这为建筑类高校一流学科和一流专业建设提供了有效指导。建筑类高校一流学科和一流专业建设应该紧抓"一带一路"重大机遇，以服务国家重大战略需求为导向，通过构建"一带一路"建筑类高校一流学科和一流专业科学研究平台，合力打造建筑类高校一流学科和一流专业建设领域的国际研究基地，尤其注重与沿线国家及地区共同开展建筑类高校一流学科和一流专业建设合作项目，洞悉各国建筑类领域前沿研究动态，探索不同地区优秀学科理论知识、研究方法与实践走向，创新发展建筑类高校一流学科和一流专业建设领域的学术研究成果，为建筑类高校一流学科和一流专业建设研究提供智库支持，为最终实现建设建筑类高校一流学科和一流专业的宏伟目标提供建议，进而推动建筑类高校一流学科和一流专业的繁荣进步。

# 附 录

# 附录一："双一流"建设高校及建设学科名单

## 1. 第一轮"双一流"建设高校及建设学科名单

（按学校代码排序）

| 序号 | 学校名称 | "双一流"建设学科名单 |
|---|---|---|
| 1 | 北京大学 | 哲学、理论经济学、应用经济学、法学、政治学、社会学、马克思主义理论、心理学、中国语言文学、外国语言文学、考古学、中国史、世界史、数学、物理学、化学、地理学、地球物理学、地质学、生物学、生态学、统计学、力学、材料科学与工程、电子科学与技术、控制科学与工程、计算机科学与技术、环境科学与工程、软件工程、基础医学、临床医学、口腔医学、公共卫生与预防医学、药学、护理学、艺术学理论、现代语言学、语言学、机械及航空航天和制造工程、商业与管理、社会政策与管理 |
| 2 | 中国人民大学 | 哲学、理论经济学、应用经济学、法学、政治学、社会学、马克思主义理论、新闻传播学、中国史、统计学、工商管理、农林经济管理、公共管理、图书情报与档案管理 |
| 3 | 清华大学 | 法学、政治学、马克思主义理论、数学、物理学、化学、生物学、力学、机械工程、仪器科学与技术、材料科学与工程、动力工程及工程热物理、电气工程、信息与通信工程、控制科学与工程、计算机科学与技术、建筑学、土木工程、水利工程、化学工程与技术、核科学与技术、环境科学与工程、生物医学工程、城乡规划学、风景园林学、软件工程、管理科学与工程、工商管理、公共管理、设计学、会计与金融、经济学和计量经济学、统计学与运筹学、现代语言学 |
| 4 | 北京交通大学 | 系统科学 |
| 5 | 北京工业大学 | 土木工程（自定） |
| 6 | 北京航空航天大学 | 力学、仪器科学与技术、材料科学与工程、控制科学与工程、计算机科学与技术、航空宇航科学与技术、软件工程 |
| 7 | 北京理工大学 | 材料科学与工程、控制科学与工程、兵器科学与技术 |
| 8 | 北京科技大学 | 科学技术史、材料科学与工程、冶金工程、矿业工程 |

续表

| 序号 | 学校名称 | "双一流"建设学科名单 |
|------|----------|---------------------|
| 9 | 北京化工大学 | 化学工程与技术（自定） |
| 10 | 北京邮电大学 | 信息与通信工程、计算机科学与技术 |
| 11 | 中国农业大学 | 生物学、农业工程、食品科学与工程、作物学、农业资源与环境、植物保护、畜牧学、兽医学、草学 |
| 12 | 北京林业大学 | 风景园林学、林学 |
| 13 | 北京协和医学院 | 生物学、生物医学工程、临床医学、药学 |
| 14 | 北京中医药大学 | 中医学、中西医结合、中药学 |
| 15 | 北京师范大学 | 教育学、心理学、中国语言文学、中国史、数学、地理学、系统科学、生态学、环境科学与工程、戏剧与影视学、语言学 |
| 16 | 首都师范大学 | 数学 |
| 17 | 北京外国语大学 | 外国语言文学 |
| 18 | 中国传媒大学 | 新闻传播学、戏剧与影视学 |
| 19 | 中央财经大学 | 应用经济学 |
| 20 | 对外经济贸易大学 | 应用经济学（自定） |
| 21 | 外交学院 | 政治学（自定） |
| 22 | 中国人民公安大学 | 公安学（自定） |
| 23 | 北京体育大学 | 体育学 |
| 24 | 中央音乐学院 | 音乐与舞蹈学 |
| 25 | 中国音乐学院 | 音乐与舞蹈学（自定） |
| 26 | 中央美术学院 | 美术学、设计学 |
| 27 | 中央戏剧学院 | 戏剧与影视学 |
| 28 | 中央民族大学 | 民族学 |

续表

| 序号 | 学校名称 | "双一流"建设学科名单 |
|---|---|---|
| 29 | 中国政法大学 | 法学 |
| 30 | 南开大学 | 世界史、数学、化学、统计学、材料科学与工程 |
| 31 | 天津大学 | 化学、材料科学与工程、化学工程与技术、管理科学与工程 |
| 32 | 天津工业大学 | 纺织科学与工程 |
| 33 | 天津医科大学 | 临床医学（自定） |
| 34 | 天津中医药大学 | 中药学 |
| 35 | 华北电力大学 | 电气工程（自定） |
| 36 | 河北工业大学 | 电气工程（自定） |
| 37 | 太原理工大学 | 化学工程与技术（自定） |
| 38 | 内蒙古大学 | 生物学（自定） |
| 39 | 辽宁大学 | 应用经济学（自定） |
| 40 | 大连理工大学 | 化学、工程 |
| 41 | 东北大学 | 控制科学与工程 |
| 42 | 大连海事大学 | 交通运输工程（自定） |
| 43 | 吉林大学 | 考古学、数学、物理学、化学、材料科学与工程 |
| 44 | 延边大学 | 外国语言文学（自定） |
| 45 | 东北师范大学 | 马克思主义理论、世界史、数学、化学、统计学、材料科学与工程 |
| 46 | 哈尔滨工业大学 | 力学、机械工程、材料科学与工程、控制科学与工程、计算机科学与技术、土木工程、环境科学与工程 |
| 47 | 哈尔滨工程大学 | 船舶与海洋工程 |
| 48 | 东北农业大学 | 畜牧学（自定） |

| 序号 | 学校名称 | "双一流"建设学科名单 |
|---|---|---|
| 49 | 东北林业大学 | 林业工程、林学 |
| 50 | 复旦大学 | 哲学、政治学、中国语言文学、中国史、数学、物理学、化学、生物学、生态学、材料科学与工程、环境科学与工程、基础医学、临床医学、中西医结合、药学、机械及航空航天和制造工程、现代语言学 |
| 51 | 同济大学 | 建筑学、土木工程、测绘科学与技术、环境科学与工程、城乡规划学、风景园林学、艺术与设计 |
| 52 | 上海交通大学 | 数学、化学、生物学、机械工程、材料科学与工程、信息与通信工程、控制科学与工程、计算机科学与技术、土木工程、化学工程与技术、船舶与海洋工程、基础医学、临床医学、口腔医学、药学、电子电气工程、商业与管理 |
| 53 | 华东理工大学 | 化学、材料科学与工程、化学工程与技术 |
| 54 | 东华大学 | 纺织科学与工程 |
| 55 | 上海海洋大学 | 水产 |
| 56 | 上海中医药大学 | 中医学、中药学 |
| 57 | 华东师范大学 | 教育学、生态学、统计学 |
| 58 | 上海外国语大学 | 外国语言文学 |
| 59 | 上海财经大学 | 统计学 |
| 60 | 上海体育学院 | 体育学 |
| 61 | 上海音乐学院 | 音乐与舞蹈学 |
| 62 | 上海大学 | 机械工程（自定） |
| 63 | 南京大学 | 哲学、中国语言文学、外国语言文学、物理学、化学、天文学、大气科学、地质学、生物学、材料科学与工程、计算机科学与技术、化学工程与技术、矿业工程、环境科学与工程、图书情报与档案管理 |
| 64 | 苏州大学 | 材料科学与工程（自定） |

续表

| 序号 | 学校名称 | "双一流"建设学科名单 |
|---|---|---|
| 65 | 东南大学 | 材料科学与工程、电子科学与技术、信息与通信工程、控制科学与工程、计算机科学与技术、建筑学、土木工程、交通运输工程、生物医学工程、风景园林学、艺术学理论 |
| 66 | 南京航空航天大学 | 力学 |
| 67 | 南京理工大学 | 兵器科学与技术 |
| 68 | 中国矿业大学 | 安全科学与工程、矿业工程 |
| 69 | 南京邮电大学 | 电子科学与技术 |
| 70 | 河海大学 | 水利工程、环境科学与工程 |
| 71 | 江南大学 | 轻工技术与工程、食品科学与工程 |
| 72 | 南京林业大学 | 林业工程 |
| 73 | 南京信息工程大学 | 大气科学 |
| 74 | 南京农业大学 | 作物学、农业资源与环境 |
| 75 | 南京中医药大学 | 中药学 |
| 76 | 中国药科大学 | 中药学 |
| 77 | 南京师范大学 | 地理学 |
| 78 | 浙江大学 | 化学、生物学、生态学、机械工程、光学工程、材料科学与工程、电气工程、控制科学与工程、计算机科学与技术、农业工程、环境科学与工程、软件工程、园艺学、植物保护、基础医学、药学、管理科学与工程、农林经济管理 |
| 79 | 中国美术学院 | 美术学 |
| 80 | 安徽大学 | 材料科学与工程（自定） |
| 81 | 中国科学技术大学 | 数学、物理学、化学、天文学、地球物理学、生物学、科学技术史、材料科学与工程、计算机科学与技术、核科学与技术、安全科学与工程 |

续表

| 序号 | 学校名称 | "双一流"建设学科名单 |
|---|---|---|
| 82 | 合肥工业大学 | 管理科学与工程（自定） |
| 83 | 厦门大学 | 化学、海洋科学、生物学、生态学、统计学 |
| 84 | 福州大学 | 化学（自定） |
| 85 | 南昌大学 | 材料科学与工程 |
| 86 | 山东大学 | 数学、化学 |
| 87 | 中国海洋大学 | 海洋科学、水产 |
| 88 | 中国石油大学（华东） | 石油与天然气工程、地质资源与地质工程 |
| 89 | 郑州大学 | 临床医学（自定）、材料科学与工程（自定）、化学（自定） |
| 90 | 河南大学 | 生物学 |
| 91 | 武汉大学 | 理论经济学、法学、马克思主义理论、化学、地球物理学、生物学、测绘科学与技术、矿业工程、口腔医学、图书情报与档案管理 |
| 92 | 华中科技大学 | 机械工程、光学工程、材料科学与工程、动力工程及工程热物理、电气工程、计算机科学与技术、基础医学、公共卫生与预防医学 |
| 93 | 中国地质大学（武汉） | 地质学、地质资源与地质工程 |
| 94 | 武汉理工大学 | 材料科学与工程 |
| 95 | 华中农业大学 | 生物学、园艺学、畜牧学、兽医学、农林经济管理 |
| 96 | 华中师范大学 | 政治学、中国语言文学 |
| 97 | 中南财经政法大学 | 法学（自定） |
| 98 | 湖南大学 | 化学、机械工程 |
| 99 | 中南大学 | 数学、材料科学与工程、冶金工程、矿业工程 |
| 100 | 湖南师范大学 | 外国语言文学（自定） |

| 序号 | 学校名称 | "双一流"建设学科名单 |
|---|---|---|
| 101 | 中山大学 | 哲学、数学、化学、生物学、生态学、材料科学与工程、电子科学与技术、基础医学、临床医学、药学、工商管理 |
| 102 | 暨南大学 | 药学（自定） |
| 103 | 华南理工大学 | 化学、材料科学与工程、轻工技术与工程、农学 |
| 104 | 广州中医药大学 | 中医学 |
| 105 | 华南师范大学 | 物理学 |
| 106 | 海南大学 | 作物学（自定） |
| 107 | 广西大学 | 土木工程（自定） |
| 108 | 四川大学 | 数学、化学、材料科学与工程、基础医学、口腔医学、护理学 |
| 109 | 重庆大学 | 机械工程（自定）、电气工程（自定）、土木工程（自定） |
| 110 | 西南交通大学 | 交通运输工程 |
| 111 | 电子科技大学 | 电子科学与技术、信息与通信工程 |
| 112 | 西南石油大学 | 石油与天然气工程 |
| 113 | 成都理工大学 | 地质学 |
| 114 | 四川农业大学 | 作物学（自定） |
| 115 | 成都中医药大学 | 中药学 |
| 116 | 西南大学 | 生物学 |
| 117 | 西南财经大学 | 应用经济学（自定） |
| 118 | 贵州大学 | 植物保护（自定） |
| 119 | 云南大学 | 民族学、生态学 |
| 120 | 西藏大学 | 生态学（自定） |

续表

| 序号 | 学校名称 | "双一流"建设学科名单 |
|---|---|---|
| 121 | 西北大学 | 地质学 |
| 122 | 西安交通大学 | 力学、机械工程、材料科学与工程、动力工程及工程热物理、电气工程、信息与通信工程、管理科学与工程、工商管理 |
| 123 | 西北工业大学 | 机械工程、材料科学与工程 |
| 124 | 西安电子科技大学 | 信息与通信工程、计算机科学与技术 |
| 125 | 长安大学 | 交通运输工程（自定） |
| 126 | 西北农林科技大学 | 农学 |
| 127 | 陕西师范大学 | 中国语言文学（自定） |
| 128 | 兰州大学 | 化学、大气科学、生态学、草学 |
| 129 | 青海大学 | 生态学（自定） |
| 130 | 宁夏大学 | 化学工程与技术（自定） |
| 131 | 新疆大学 | 马克思主义理论（自定）、化学（自定）、计算机科学与技术（自定） |
| 132 | 石河子大学 | 化学工程与技术（自定） |
| 133 | 中国矿业大学（北京） | 安全科学与工程、矿业工程 |
| 134 | 中国石油大学（北京） | 石油与天然气工程、地质资源与地质工程 |
| 135 | 中国地质大学（北京） | 地质学、地质资源与地质工程 |
| 136 | 宁波大学 | 力学 |
| 137 | 中国科学院大学 | 化学、材料科学与工程 |
| 138 | 国防科技大学 | 信息与通信工程、计算机科学与技术、航空宇航科学与技术、软件工程、管理科学与工程 |
| 139 | 第二军医大学 | 基础医学 |
| 140 | 第四军医大学 | 临床医学（自定） |

## 2. 第二轮"双一流"建设高校及建设学科名单

（按学校代码排序）

| 序号 | 学校 | "双一流"建设学科名单 |
|---|---|---|
| 1 | 北京大学 | （自主确定建设学科并自行公布） |
| 2 | 中国人民大学 | 哲学、理论经济学、应用经济学、法学、政治学、社会学、马克思主义理论、新闻传播学、中国史、统计学、工商管理、农林经济管理、公共管理、图书情报与档案管理 |
| 3 | 清华大学 | （自主确定建设学科并自行公布） |
| 4 | 北京交通大学 | 系统科学 |
| 5 | 北京工业大学 | 土木工程 |
| 6 | 北京航空航天大学 | 力学、仪器科学与技术、材料科学与工程、控制科学与工程、计算机科学与技术、交通运输工程、航空宇航科学与技术、软件工程 |
| 7 | 北京理工大学 | 物理学、材料科学与工程、控制科学与工程、兵器科学与技术 |
| 8 | 北京科技大学 | 科学技术史、材料科学与工程、冶金工程、矿业工程 |
| 9 | 北京化工大学 | 化学工程与技术 |
| 10 | 北京邮电大学 | 信息与通信工程、计算机科学与技术 |
| 11 | 中国农业大学 | 生物学、农业工程、食品科学与工程、作物学、农业资源与环境、植物保护、畜牧学、兽医学、草学 |
| 12 | 北京林业大学 | 风景园林学、林学 |
| 13 | 北京协和医学院 | 生物学、生物医学工程、临床医学、公共卫生与预防医学、药学 |
| 14 | 北京中医药大学 | 中医学、中西医结合、中药学 |
| 15 | 北京师范大学 | 哲学、教育学、心理学、中国语言文学、外国语言文学、中国史、数学、地理学、系统科学、生态学、环境科学与工程、戏剧与影视学 |
| 16 | 首都师范大学 | 数学 |
| 17 | 北京外国语大学 | 外国语言文学 |

续表

| 序号 | 学校 | "双一流"建设学科名单 |
|---|---|---|
| 18 | 中国传媒大学 | 新闻传播学、戏剧与影视学 |
| 19 | 中央财经大学 | 应用经济学 |
| 20 | 对外经济贸易大学 | 应用经济学 |
| 21 | 外交学院 | 政治学 |
| 22 | 中国人民公安大学 | 公安学 |
| 23 | 北京体育大学 | 体育学 |
| 24 | 中央音乐学院 | 音乐与舞蹈学 |
| 25 | 中国音乐学院 | 音乐与舞蹈学 |
| 26 | 中央美术学院 | 美术学、设计学 |
| 27 | 中央戏剧学院 | 戏剧与影视学 |
| 28 | 中央民族大学 | 民族学 |
| 29 | 中国政法大学 | 法学 |
| 30 | 南开大学 | 应用经济学、世界史、数学、化学、统计学、材料科学与工程 |
| 31 | 天津大学 | 化学、材料科学与工程、动力工程及工程热物理、化学工程与技术、管理科学与工程 |
| 32 | 天津工业大学 | 纺织科学与工程 |
| 33 | 天津医科大学 | 临床医学 |
| 34 | 天津中医药大学 | 中药学 |
| 35 | 华北电力大学 | 电气工程 |
| 36 | 河北工业大学 | 电气工程 |
| 37 | 山西大学 | 哲学、物理学 |

续表

| 序号 | 学校 | "双一流"建设学科名单 |
|---|---|---|
| 38 | 太原理工大学 | 化学工程与技术 |
| 39 | 内蒙古大学 | 生物学 |
| 40 | 辽宁大学 | 应用经济学 |
| 41 | 大连理工大学 | 力学、机械工程、化学工程与技术 |
| 42 | 东北大学 | 冶金工程、控制科学与工程 |
| 43 | 大连海事大学 | 交通运输工程 |
| 44 | 吉林大学 | 考古学、数学、物理学、化学、生物学、材料科学与工程 |
| 45 | 延边大学 | 外国语言文学 |
| 46 | 东北师范大学 | 马克思主义理论、教育学、世界史、化学、统计学、材料科学与工程 |
| 47 | 哈尔滨工业大学 | 力学、机械工程、材料科学与工程、控制科学与工程、计算机科学与技术、土木工程、航空宇航科学与技术、环境科学与工程 |
| 48 | 哈尔滨工程大学 | 船舶与海洋工程 |
| 49 | 东北农业大学 | 畜牧学 |
| 50 | 东北林业大学 | 林业工程、林学 |
| 51 | 复旦大学 | 哲学、应用经济学、政治学、马克思主义理论、中国语言文学、外国语言文学、中国史、数学、物理学、化学、生物学、生态学、材料科学与工程、环境科学与工程、基础医学、临床医学、公共卫生与预防医学、中西医结合、药学、集成电路科学与工程 |
| 52 | 同济大学 | 生物学、建筑学、土木工程、测绘科学与技术、环境科学与工程、城乡规划学、风景园林学、设计学 |
| 53 | 上海交通大学 | 数学、物理学、化学、生物学、机械工程、材料科学与工程、电子科学与技术、信息与通信工程、控制科学与工程、计算机科学与技术、土木工程、化学工程与技术、船舶与海洋工程、基础医学、临床医学、口腔医学、药学、工商管理 |

续表

| 序号 | 学校 | "双一流"建设学科名单 |
|------|------|------|
| 54 | 华东理工大学 | 化学、材料科学与工程、化学工程与技术 |
| 55 | 东华大学 | 材料科学与工程、纺织科学与工程 |
| 56 | 上海海洋大学 | 水产 |
| 57 | 上海中医药大学 | 中医学、中药学 |
| 58 | 华东师范大学 | 教育学、生态学、统计学 |
| 59 | 上海外国语大学 | 外国语言文学 |
| 60 | 上海财经大学 | 应用经济学 |
| 61 | 上海体育学院 | 体育学 |
| 62 | 上海音乐学院 | 音乐与舞蹈学 |
| 63 | 上海大学 | 机械工程 |
| 64 | 南京大学 | 哲学、理论经济学、中国语言文学、外国语言文学、物理学、化学、天文学、大气科学、地质学、生物学、材料科学与工程、计算机科学与技术、化学工程与技术、矿业工程、环境科学与工程、图书情报与档案管理 |
| 65 | 苏州大学 | 材料科学与工程 |
| 66 | 东南大学 | 机械工程、材料科学与工程、电子科学与技术、信息与通信工程、控制科学与工程、计算机科学与技术、建筑学、土木工程、交通运输工程、生物医学工程、风景园林学、艺术学理论 |
| 67 | 南京航空航天大学 | 力学、控制科学与工程、航空宇航科学与技术 |
| 68 | 南京理工大学 | 兵器科学与技术 |
| 69 | 中国矿业大学 | 矿业工程、安全科学与工程 |
| 70 | 南京邮电大学 | 电子科学与技术 |
| 71 | 河海大学 | 水利工程、环境科学与工程 |

续表

| 序号 | 学校 | "双一流"建设学科名单 |
|---|---|---|
| 72 | 江南大学 | 轻工技术与工程、食品科学与工程 |
| 73 | 南京林业大学 | 林业工程 |
| 74 | 南京信息工程大学 | 大气科学 |
| 75 | 南京农业大学 | 作物学、农业资源与环境 |
| 76 | 南京医科大学 | 公共卫生与预防医学 |
| 77 | 南京中医药大学 | 中药学 |
| 78 | 中国药科大学 | 中药学 |
| 79 | 南京师范大学 | 地理学 |
| 80 | 浙江大学 | 化学、生物学、生态学、机械工程、光学工程、材料科学与工程、动力工程及工程热物理、电气工程、控制科学与工程、计算机科学与技术、土木工程、农业工程、环境科学与工程、软件工程、园艺学、植物保护、基础医学、临床医学、药学、管理科学与工程、农林经济管理 |
| 81 | 中国美术学院 | 美术学 |
| 82 | 安徽大学 | 材料科学与工程 |
| 83 | 中国科学技术大学 | 数学、物理学、化学、天文学、地球物理学、生物学、科学技术史、材料科学与工程、计算机科学与技术、核科学与技术、安全科学与工程 |
| 84 | 合肥工业大学 | 管理科学与工程 |
| 85 | 厦门大学 | 教育学、化学、海洋科学、生物学、生态学、统计学 |
| 86 | 福州大学 | 化学 |
| 87 | 南昌大学 | 材料科学与工程 |
| 88 | 山东大学 | 中国语言文学、数学、化学、临床医学 |
| 89 | 中国海洋大学 | 海洋科学、水产 |

续表

| 序号 | 学校 | "双一流"建设学科名单 |
|------|------|----------------------|
| 90 | 中国石油大学（华东） | 地质资源与地质工程、石油与天然气工程 |
| 91 | 郑州大学 | 化学、材料科学与工程、临床医学 |
| 92 | 河南大学 | 生物学 |
| 93 | 武汉大学 | 理论经济学、法学、马克思主义理论、化学、地球物理学、生物学、土木工程、水利工程、测绘科学与技术、口腔医学、图书情报与档案管理 |
| 94 | 华中科技大学 | 机械工程、光学工程、材料科学与工程、动力工程及工程热物理、电气工程、计算机科学与技术、基础医学、临床医学、公共卫生与预防医学 |
| 95 | 中国地质大学（武汉） | 地质学、地质资源与地质工程 |
| 96 | 武汉理工大学 | 材料科学与工程 |
| 97 | 华中农业大学 | 生物学、园艺学、畜牧学、兽医学、农林经济管理 |
| 98 | 华中师范大学 | 政治学、教育学、中国语言文学 |
| 99 | 中南财经政法大学 | 法学 |
| 100 | 湘潭大学 | 数学 |
| 101 | 湖南大学 | 化学、机械工程、电气工程 |
| 102 | 中南大学 | 数学、材料科学与工程、冶金工程、矿业工程、交通运输工程 |
| 103 | 湖南师范大学 | 外国语言文学 |
| 104 | 中山大学 | 哲学、数学、化学、生物学、生态学、材料科学与工程、电子科学与技术、基础医学、临床医学、药学、工商管理 |
| 105 | 暨南大学 | 药学 |
| 106 | 华南理工大学 | 化学、材料科学与工程、轻工技术与工程、食品科学与工程 |
| 107 | 华南农业大学 | 作物学 |

续表

| 序号 | 学校 | "双一流"建设学科名单 |
|---|---|---|
| 108 | 广州医科大学 | 临床医学 |
| 109 | 广州中医药大学 | 中医学 |
| 110 | 华南师范大学 | 物理学 |
| 111 | 海南大学 | 作物学 |
| 112 | 广西大学 | 土木工程 |
| 113 | 四川大学 | 数学、化学、材料科学与工程、基础医学、口腔医学、护理学 |
| 114 | 重庆大学 | 机械工程、电气工程、土木工程 |
| 115 | 西南交通大学 | 交通运输工程 |
| 116 | 电子科技大学 | 电子科学与技术、信息与通信工程 |
| 117 | 西南石油大学 | 石油与天然气工程 |
| 118 | 成都理工大学 | 地质资源与地质工程 |
| 119 | 四川农业大学 | 作物学 |
| 120 | 成都中医药大学 | 中药学 |
| 121 | 西南大学 | 教育学、生物学 |
| 122 | 西南财经大学 | 应用经济学 |
| 123 | 贵州大学 | 植物保护 |
| 124 | 云南大学 | 民族学、生态学 |
| 125 | 西藏大学 | 生态学 |
| 126 | 西北大学 | 考古学、地质学 |
| 127 | 西安交通大学 | 力学、机械工程、材料科学与工程、动力工程及工程热物理、电气工程、控制科学与工程、管理科学与工程、工商管理 |

续表

| 序号 | 学校 | "双一流"建设学科名单 |
|---|---|---|
| 128 | 西北工业大学 | 机械工程、材料科学与工程、航空宇航科学与技术 |
| 129 | 西安电子科技大学 | 信息与通信工程、计算机科学与技术 |
| 130 | 长安大学 | 交通运输工程 |
| 131 | 西北农林科技大学 | 植物保护、畜牧学 |
| 132 | 陕西师范大学 | 中国语言文学 |
| 133 | 兰州大学 | 化学、大气科学、生态学、草学 |
| 134 | 青海大学 | 生态学 |
| 135 | 宁夏大学 | 化学工程与技术 |
| 136 | 新疆大学 | 马克思主义理论、化学、计算机科学与技术 |
| 137 | 石河子大学 | 化学工程与技术 |
| 138 | 中国矿业大学（北京） | 矿业工程、安全科学与工程 |
| 139 | 中国石油大学（北京） | 地质资源与地质工程、石油与天然气工程 |
| 140 | 中国地质大学（北京） | 地质学、地质资源与地质工程 |
| 141 | 宁波大学 | 力学 |
| 142 | 南方科技大学 | 数学 |
| 143 | 上海科技大学 | 材料科学与工程 |
| 144 | 中国科学院大学 | 化学、材料科学与工程 |
| 145 | 国防科技大学 | 信息与通信工程、计算机科学与技术、航空宇航科学与技术、软件工程、管理科学与工程 |
| 146 | 海军军医大学 | 基础医学 |
| 147 | 空军军医大学 | 临床医学 |

### 3.给予公开警示（含撤销）的首轮建设学科名单

（按学校代码排序）

| 序号 | 学校名称 | 学科名称 |
|---|---|---|
| 1 | 北京中医药大学 | 中药学 |
| 2 | 内蒙古大学 | 生物学 |
| 3 | 辽宁大学 | 应用经济学 |
| 4 | 东北师范大学 | 数学（予以撤销，根据学科建设情况调整为"教育学"） |
| 5 | 延边大学 | 外国语言文学 |
| 6 | 上海财经大学 | 统计学（予以撤销，根据学科建设情况调整为"应用经济学"） |
| 7 | 宁波大学 | 力学 |
| 8 | 安徽大学 | 材料科学与工程 |
| 9 | 华中师范大学 | 中国语言文学 |
| 10 | 中南财经政法大学 | 法学 |
| 11 | 广西大学 | 土木工程 |
| 12 | 西藏大学 | 生态学 |
| 13 | 宁夏大学 | 化学工程与技术 |
| 14 | 新疆大学 | 化学、计算机科学与技术 |
| 15 | 海军军医大学 | 基础医学 |

# 附录二：国务院关于印发统筹推进世界一流大学
# 和一流学科建设总体方案的通知

国发〔2015〕64号

各省、自治区、直辖市人民政府，国务院各部委、各直属机构：

现将《统筹推进世界一流大学和一流学科建设总体方案》印发给你们，请认真贯彻落实。

（此件公开发布）

国务院

2015 年 10 月 24 日

## 统筹推进世界一流大学和一流学科建设总体方案

建设世界一流大学和一流学科，是党中央、国务院作出的重大战略决策，对于提升我国教育发展水平、增强国家核心竞争力、奠定长远发展基础，具有十分重要的意义。多年来，通过实施"211 工程"、"985 工程"以及"优势学科创新平台"和"特色重点学科项目"等重点建设，一批重点高校和重点学科建设取得重大进展，带动了我国高等教育整体水平的提升，为经济社会持续健康发展作出了重要贡献。同时，重点建设也存在身份固化、竞争缺失、重复交叉等问题，迫切需要加强资源整合，创新实施方式。为认真总结经验，加强系统谋划，加大改革力度，完善推进机制，坚持久久为功，统筹推进世界一流大学和一流学科建设，实现我国从高等教育大国到高等教育强国的历史性跨越，现制定本方案。

### 一、总体要求

（一）指导思想。

高举中国特色社会主义伟大旗帜，以邓小平理论、"三个代表"重要思想、科学发展观为指导，认真落实党的十八大和十八届二中、三中、四中全会精神，深入贯彻习近平总书记系列重要讲话精神，按照"四个全面"战略布局和党中央、国务院决策部署，坚持以中国特色、世界一流为核心，以立德树人为根本，以支撑创新驱动发展战略、服务经济社会发展为导向，加快建成一批世界一流大学和一流学科，提升我国高等教育综合实力和国际竞争力，为实现"两个一百年"奋斗目标和中华民族伟大复兴的中国梦提供有力支撑。

坚持中国特色、世界一流，就是要全面贯彻党的教育方针，坚持社会主义办学方向，加强党对高校的领导，扎根中国大地，遵循教育规律，创造性地传承中华民族优秀传统文化，积极探索中国特色的世界一流大学和一流学科建设之路，努力成为世界高等教育改革发展的参与者和推动者，培养中国特色社会主义事业建设者和接班人，更好地为社会主义现代化建设服务、为人民服务。

（二）基本原则。

——坚持以一流为目标。引导和支持具备一定实力的高水平大学和高水平学科瞄准世界一流，汇聚优质资源，培养一流人才，产出一流成果，加快走向世界一流。

——坚持以学科为基础。引导和支持高等学校优化学科结构，凝练学科发展方向，突出学科建设重点，创新学科组织模式，打造更多学科高峰，带动学校发挥优势、办出特色。

——坚持以绩效为杠杆。建立激励约束机制，鼓励公平竞争，强化目标管理，突出建设实效，构建完善中国特色的世界一流大学和一流学科评价体系，充分激发高校内生动力和发展活力，引导高等学校不断提升办学水平。

——坚持以改革为动力。深化高校综合改革，加快中国特色现代大学制度建设，着力破除体制机制障碍，加快构建充满活力、富有效率、更加开放、有利于学校科学发展的体制机制，当好教育改革排头兵。

（三）总体目标。

推动一批高水平大学和学科进入世界一流行列或前列，加快高等教育治理体系和治理能力现代化，提高高等学校人才培养、科学研究、社会服务和文化传承创新水平，使之成为知识发现和科技创新的重要力量、先进思想和优秀文化的重要源泉、培养各类高素质优秀人才的重要基地，在支撑国家创新驱动发展战略、服务经济社会发展、弘扬中华优秀传统文化、培育和践行社会主义核心价值观、促进高等教育内涵发展等方面发挥重大作用。

——到 2020 年，若干所大学和一批学科进入世界一流行列，若干学科进入世界一流学科前列。

——到 2030 年，更多的大学和学科进入世界一流行列，若干所大学进入世界一流大学前列，一批学科进入世界一流学科前列，高等教育整体实力显著提升。

——到本世纪中叶，一流大学和一流学科的数量和实力进入世界前列，基本建成高等教育强国。

**二、建设任务**

（四）建设一流师资队伍。

深入实施人才强校战略，强化高层次人才的支撑引领作用，加快培养和引进一批活跃在国际学术前沿、满足国家重大战略需求的一流科学家、学科领军人物和创新团队，聚集世界优秀人才。遵循教师成长发展规律，以中青年教师和创新团队为重点，优化中青年教师成长发展、脱颖而出的制度环境，培育跨学科、跨领域的创新团队，增强人才队伍可持续发展能力。加强师德师风建设，培养和造就一支有理想信念、有道德情操、有扎实学识、有仁爱之心的优秀教师队伍。

（五）培养拔尖创新人才。

坚持立德树人，突出人才培养的核心地位，着力培养具有历史使命感和社会责任心，富有创新精神和实践能力的各类创新型、应用型、复合型优秀人才。加强创新创业教育，大力推进个性化培养，全面提升学生的综合素质、国际视野、科学精神和创业意识、创造能力。合理提高高校毕业生创业比例，引导高校毕业生积极投身大众创业、万众创新。完善质量保障体系，将学生成长成才作为出发点和落脚点，建立导向正确、科学有效、简明清晰的评价体系，激励学生刻苦学习、健康成长。

（六）提升科学研究水平。

以国家重大需求为导向，提升高水平科学研究能力，为经济社会发展和国家战略实施作出重要贡献。坚持有所为有所不为，加强学科布局的顶层设计和战略规划，重点建设一批国内领先、国际一流的优势学科和领域。提高基础研究水平，争做国际学术前沿并行者乃至领跑者。推动加强战略性、全局性、前瞻性问题研究，着力提升解决重大问题能力和原始创新能力。大力推进科研组织模式创新，依托重点研究基地，围绕重大科研项目，健全科研机制，开展协同创新，优化资源配置，提高科技创新能力。打造一批具有中国特色和世界影响的新型高校智库，提高服务国家决策的能力。建立健全具有中国特色、中国风格、中国气派的哲学社会科学学术评价和学术标准体系。营造浓厚的学术氛围和宽松的创新环境，保护创新、宽容失败，大力激发创新活力。

（七）传承创新优秀文化。

加强大学文化建设，增强文化自觉和制度自信，形成推动社会进步、引领文明进程、各具特色的一流大学精神和大学文化。坚持用价值观引领知识教育，把社会主义核心价值观融入教育教学全过程，引导教师潜心教书育人、静心治学，引导广大青年学生勤学、修德、明辨、笃实，使社会主义核心价值观成为基本遵循，形成优良的校风、教风、学风。加强对中华优秀传统文化和社会主义核心价值观的研究、宣传，认真汲取中华优秀传统文化的思想精华，做到扬弃继承、转化创新，并充分发挥其教化育人作用，推动社会主义先进文化建设。

（八）着力推进成果转化。

深化产教融合，将一流大学和一流学科建设与推动经济社会发展紧密结合，着力提高高校对产业转型升级的贡献率，努力成为催化产业技术变革、加速创新驱动的策源地。促进高校学科、人才、科研与产业互动，打通基础研究、应用开发、成果转移与产业化链条，推动健全市场导向、社会资本参与、多要素深度融合的成果应用转化机制。强化科技与经济、创新项目与现实生产力、创新成果与产业对接，推动重大科学创新、关键技术突破转变为先进生产力，增强高校创新资源对经济社会发展的驱动力。

**三、改革任务**

（九）加强和改进党对高校的领导。

坚持和完善党委领导下的校长负责制，建立健全党委统一领导、党政分工合作、协调运行的工作机制，不断改革和完善高校体制机制。进一步加强和改进新形势下高校宣传思想工作，牢牢把握高校意识形态工作领导权，不断坚定广大师生中国特色社会主义道路自信、理论自信、制度自信。全面推进高校党的建设各项工作，着力扩大党组织的覆盖面，推进工作创新，有效发挥高校基层党组织战斗堡垒作用和党员先锋模范作用。完善体现高校特点、符合学校实际的惩治和预防腐败体系，严格执行党风廉政建设责任制，切实把党要管党、从严治党的要求落到实处。

（十）完善内部治理结构。

建立健全高校章程落实机制，加快形成以章程为统领的完善、规范、统一的制度体系。加强学术组织建设，健全以学术委员会为核心的学术管理体系与组织架构，充分发挥其在学科建设、学术评价、学术发展和学风建设等方面的重要作用。完善民主管理和监督机制，扩大有序参与，加强议事协商，充分发挥教职工代表大会、共青团、学生会等在民主决策机制中的作用，积极探索师生代表参与学校决策的机制。

（十一）实现关键环节突破。

加快推进人才培养模式改革，推进科教协同育人，完善高水平科研支撑拔尖创新人才培养机制。加快推进人事制度改革，积极完善岗位设置、分类管理、考核评价、绩效工资分配、合理流动等制度，加大对领军人才倾斜支持力度。加快推进科研体制机制改革，在科研运行保障、经费筹措使用、绩效评价、成果转化、收益处置等方面大胆尝试。加快建立资源募集机制，在争取社会资源、扩大办学力量、拓展资金渠道方面取得实质进展。

（十二）构建社会参与机制。

坚持面向社会依法自主办学，加快建立健全社会支持和监督学校发展的长效机制。建立健全理事会制度，制定理事会章程，着力增强理事会的代表性和权威性，健全与理事会成员之间的协商、合作机制，充分发挥理事会对学校改革发展的咨询、协商、审议、监督等功能。加快完善与行业企业密切合作的模式，推进与科研院所、社会团体等资源共享，形成协调合作的有效机制。积极引入专门机构对学校的学科、专业、课程等水平和质量进行评估。

（十三）推进国际交流合作。

加强与世界一流大学和学术机构的实质性合作，将国外优质教育资源有效融合到教学科研全过程，开展高水平人才联合培养和科学联合攻关。加强国际协同创新，积极参与或牵头组织国际和区域性重大科学计划和科学工程。营造良好的国际化教学科研环境，增强对外籍优秀教师和高水平留学生的吸引力。积极参与国际教育规则制定、国际教育教学评估和认证，切实提高我国高等教育的国际竞争力和话语权，树立中国大学的良好品牌和形象。

**四、支持措施**

（十四）总体规划，分级支持。

面向经济社会发展需要，立足高等教育发展现状，对世界一流大学和一流学科建设加强总体规划，鼓励和支持不同类型的高水平大学和学科差别化发展，加快进入世界一流行列或前列。每五年一个周期，2016年开始新一轮建设。

高校要根据自身实际，合理选择一流大学和一流学科建设路径，科学规划、积极推进。拥有多个国内领先、国际前沿高水平学科的大学，要在多领域建设一流学科，形成一批相互支撑、协同发展的一流学科，全面提升综合实力和国际竞争力，进入世界一流大学行列或前列。拥有若干处于国内前列、在国际同类院校中居于优势地位的高水平学科的大学，要围绕主干学科，强化办学特色，建设若干一流学科，扩大国际影响力，带动学校进入世界同类高校前列。拥有某一高水平学科的大学，要突出学科优势，提升学科水平，进入该学科领域世界一流行列或前列。

中央财政将中央高校开展世界一流大学和一流学科建设纳入中央高校预算拨款制度中统筹考虑，并通过相关专项资金给予引导支持；鼓励相关地方政府通过多种方式，对中央高校给予资金、政策、资源支持。地方高校开展世界一流大学和一流学科建设，由各地结合实际推进，所需资金由地方财政统筹安排，中央财政通过支持地方高校发展的相关资金给予引导支持。中央基本建设投资对世界一流大学和一流学科建设相关基础设施给予支持。

（十五）强化绩效，动态支持。

创新财政支持方式，更加突出绩效导向，形成激励约束机制。资金分配更多考虑办学质量特别是学科水平、办学特色等因素，重点向办学水平高、特色鲜明的学校倾斜，在公平竞争中体现扶优扶强扶特。完善管理方式，进一步增强高校财务自主权和统筹安排经费的能力，充分激发高校争创一流、办出特色的动力和活力。

建立健全绩效评价机制，积极采用第三方评价，提高科学性和公信度。在相对稳定支持的基础上，根据相关评估评价结果、资金使用管理等情况，动态调整支持力度，增强建设的有效性。对实施有力、进展良好、成效明显的，适当加大支持力度；对实施不力、进展缓慢、缺乏实效的，适当减少支持力度。

（十六）多元投入，合力支持。

建设世界一流大学和一流学科是一项长期任务，需要各方共同努力，完善政府、社会、学校相结合的共建机制，形成多元化投入、合力支持的格局。

鼓励有关部门和行业企业积极参与一流大学和一流学科建设。围绕培养所需人才、解决重大瓶颈等问题，加强与有关高校合作，通过共建、联合培养、科技合作攻关等方式支持一流大学和一流学科建设。

按照平稳有序、逐步推进原则，合理调整高校学费标准，进一步健全成本分担机制。高校要不断拓宽筹资渠道，积极吸引社会捐赠，扩大社会合作，健全社会支持长效机制，多渠道汇聚资源，增强自我发展能力。

**五、组织实施**

（十七）加强组织管理。

国家教育体制改革领导小组负责顶层设计、宏观布局、统筹协调、经费投入等重要事项决策，重大问题及时报告国务院。教育部、财政部、发展改革委负责规划部署、推进实施、监督管理等工作，日常工作由教育部承担。

（十八）有序推进实施。

要完善配套政策，根据本方案组织制定绩效评价和资金管理等具体办法。

要编制建设方案，深入研究学校的建设基础、优势特色、发展潜力等，科学编制发展规划和建设方案，提出具体的建设目标、任务和周期，明确改革举措、资源配置和资金筹集等安排。

要开展咨询论证，组织相关专家，结合经济社会发展需求和国家战略需要，对学校建设方案的科学性、可行性进行咨询论证，提出意见建议。

要强化跟踪指导，对建设过程实施动态监测，及时发现建设中存在的问题，提出改进的意见建议。建立信息公开公示网络平台，接受社会公众监督。

# 附录三：教育部　财政部　国家发展改革委关于印发《统筹推进世界一流大学和一流学科建设实施办法（暂行）》的通知

教研〔2017〕2 号

各省、自治区、直辖市人民政府，国务院各部委、各直属机构：

　　为贯彻落实党中央、国务院关于建设世界一流大学和一流学科的重大战略决策，根据国务院《统筹推进世界一流大学和一流学科建设总体方案》，教育部、财政部、国家发展改革委制定了《统筹推进世界一流大学和一流学科建设实施办法（暂行）》，经国务院同意，现予以印发。

教育部

财政部

国家发展改革委

2017 年 1 月 24 日

## 统筹推进世界一流大学和一流学科建设实施办法（暂行）

### 第一章　总则

　　第一条　为贯彻落实党中央、国务院关于建设世界一流大学和一流学科的重大战略决策部署，根据《统筹推进世界一流大学和一流学科建设总体方案》（国发〔2015〕64 号，以下简称《总体方案》），制定本办法。

　　第二条　全面贯彻党的教育方针，坚持社会主义办学方向，按照"四个全面"战略布局和创新、协调、绿色、开放、共享发展理念，以中国特色、世界一流为核心，落实立德树人根本任务，以一流为目标、以学科为基础、以绩效为杠杆、以改革为动力，推动一批高水平大学和学科进入世界一流行列或前列，为实现"两个一百年"奋斗目标、实现中华民族伟大复兴的中国梦提供有力支撑。

　　第三条　面向国家重大战略需求，面向经济社会主战场，面向世界科技发展前沿，突出建设的质量效益、社会贡献度和国际影响力，突出学科交叉融合和协同创新，突出与产业发展、社会需求、科技前沿紧密衔接，深化产教融合，全面提升我国高等教育在人才培养、科学研究、社会服务、文化传承创新和国际交流合作中的综合实力。

到 2020 年，若干所大学和一批学科进入世界一流行列，若干学科进入世界一流学科前列；到 2030 年，更多的大学和学科进入世界一流行列，若干所大学进入世界一流大学前列，一批学科进入世界一流学科前列，高等教育整体实力显著提升；到本世纪中叶，一流大学和一流学科的数量和实力进入世界前列，基本建成高等教育强国。

第四条　加强总体规划，坚持扶优扶需扶特扶新，按照"一流大学"和"一流学科"两类布局建设高校，引导和支持具备较强实力的高校合理定位、办出特色、差别化发展，努力形成支撑国家长远发展的一流大学和一流学科体系。

第五条　坚持以学科为基础，支持建设一百个左右学科，着力打造学科领域高峰。支持一批接近或达到世界先进水平的学科，加强建设关系国家安全和重大利益的学科，鼓励新兴学科、交叉学科，布局一批国家急需、支撑产业转型升级和区域发展的学科，积极建设具有中国特色、中国风格、中国气派的哲学社会科学体系，着力解决经济社会中的重大战略问题，提升国家自主创新能力和核心竞争力。强化学科建设绩效考核，引领高校提高办学水平和综合实力。

第六条　每五年一个建设周期，2016 年开始新一轮建设。建设高校实行总量控制、开放竞争、动态调整。

**第二章　遴选条件**

第七条　一流大学建设高校应是经过长期重点建设、具有先进办学理念、办学实力强、社会认可度较高的高校，须拥有一定数量国内领先、国际前列的高水平学科，在改革创新和现代大学制度建设中成效显著。

一流学科建设高校应具有居于国内前列或国际前沿的高水平学科，学科水平在有影响力的第三方评价中进入前列，或者国家急需、具有重大的行业或区域影响、学科优势突出、具有不可替代性。

人才培养方面，坚持立德树人，培育和践行社会主义核心价值观，在拔尖创新人才培养模式、协同育人机制、创新创业教育方面成果显著；积极推进课程体系和教学内容改革，教学成果丰硕；资源配置、政策导向体现人才培养的核心地位；质量保障体系完善，有高质量的本科生教育和研究生教育；注重培养学生社会责任感、法治意识、创新精神和实践能力，人才培养质量得到社会高度认可。

科学研究方面，科研组织和科研机制健全，协同创新成效显著。基础研究处于科学前沿，原始创新能力较强，形成具有重要影响的新知识新理论；应用研究解决了国民经济中的重大关键性技术和工程问题，或实现了重大颠覆性技术创新；哲学社会科学研究为解决经济社会发展重大理论和现实问题提供了有效支撑。

社会服务方面，产学研深度融合，实现合作办学、合作育人、合作发展，科研成果转化绩效突出，形成具有中国特色和世界影响的新型高端智库，为国家和区域经济转型、产业升级和技术变革、服务国家安全和社会公共安全做出突出贡献，运用新知识新理论认识世界、传承文明、科学普及、资政育人和服务社会成效显著。

文化传承创新方面，传承弘扬中华优秀传统文化，推动社会主义先进文化建设成效显著；增强文化自信，具有较强的国际文化传播影响力；具有师生认同的优秀教风学风校风，具有广阔的文化视野和强大的文化创新能力，形成引领社会进步、特色鲜明的大学精神和大学文化。

师资队伍建设方面，教师队伍政治素质强，整体水平高，潜心教书育人，师德师风优良；一线教师普遍掌握先进的教学方法和技术，教学经验丰富，教学效果良好；有一批活跃在国际学术前沿的一流专家、学科领军人物和创新团队；教师结构合理，中青年教师成长环境良好，可持续发展后劲足。

国际交流合作方面，吸引海外优质师资、科研团队和学生能力强，与世界高水平大学学生交换、学分互认、联合培养成效显著，与世界高水平大学和学术机构有深度的学术交流与科研合作，深度参与国际或区域性重大科学计划、科学工程，参加国际标准和规则的制定，国际影响力较强。

**第三章　遴选程序**

第八条　坚持公平公正、开放竞争。采取认定方式确定一流大学、一流学科建设高校及建设学科。

第九条　设立世界一流大学和一流学科建设专家委员会，由政府有关部门、高校、科研机构、行业组织人员组成。专家委员会根据《总体方案》要求和本办法，以中国特色学科评价为主要依据，参考国际相关评价因素，综合高校办学条件、学科水平、办学质量、主要贡献、国际影响力等情况，以及高校主管部门意见，论证确定一流大学和一流学科建设高校的认定标准。

第十条　根据认定标准专家委员会遴选产生拟建设高校名单，并提出意见建议。教育部、财政部、发展改革委审议确定建议名单。

第十一条　列入拟建设名单的高校要根据自身实际，以改革为动力，结合学校综合改革方案和专家委员会咨询建议，确定建设思路，合理选择建设路径，自主确定学科建设口径和范围，科学编制整体建设方案、分学科建设方案（以下统称建设方案）。建设方案要以人才培养为核心，优化学科建设结构和布局，完善内部治理结构，形成调动各方积极参与的长效建设机制，以一流学科建设引领健全学科生态体系，带动学校整体发展。以5年为一周期，统筹安排建设和改革任务，综合考虑各渠道资金和相应的管理要求，设定合理、具体的分阶段建设目标和建设内容，细化具体的执行项目，提出系统的考核指标体系，避免平均用力或碎片化。高校须组织相关专家，结合经济社会发展需求和国家战略需要，对建设方案的科学性、可行性进行深入论证。

第十二条　论证通过的建设方案及专家论证报告，经高校报所属省级人民政府或主管部门审核通过后，报教育部、财政部、发展改革委。

第十三条　专家委员会对高校建设方案进行审核，提出意见。

第十四条　教育部、财政部、发展改革委根据专家委员会意见，研究确定一流大学、一流学科建设高校及建设学科，报国务院批准。

**第四章　支持方式**

第十五条　创新支持方式，强化精准支持，综合考虑建设高校基础、学科类别及发展水平等，给予相应支持。

第十六条　中央高校开展世界一流大学和一流学科建设所需经费由中央财政支持；中央预算内投资对中央高校学科建设相关基础设施给予支持。纳入世界一流大学和一流学科建设范围的地方高校，所需资金由地方财政统筹安排，中央财政予以引导支持。

有关部门深化高等教育领域简政放权改革，放管结合优化服务，在考试招生、人事制度、经费管理、学位授权、科研评价等方面切实落实建设高校自主权。

第十七条　地方政府和有关主管部门应通过多种方式，对世界一流大学和一流学科建设加大资金、政策、资源支持力度。建设高校要积极争取社会各方资源，形成多元支持的长效机制。

第十八条　建设高校完善经费使用管理方式，切实管好用好，提高使用效益。

**第五章　动态管理**

第十九条　加强过程管理，实施动态监测，及时跟踪指导。以学科为基础，制定科学合理的绩效评价办法，开展中期和期末评价，加大经费动态支持力度，形成激励约束机制，增强建设实效。

第二十条　建设中期，建设高校根据建设方案对建设情况进行自评，对改革的实施情况、建设目标和任务完成情况、学科水平、资金管理使用情况等进行分析，发布自评报告。专家委员会根据建设高校的建设方案和自评报告，参考有影响力的第三方评价，对建设成效进行评价，提出中期评价意见。根据中期评价结果，对实施有力、进展良好、成效明显的建设高校及建设学科，加大支持力度；对实施不力、进展缓慢、缺乏实效的建设高校及建设学科，提出警示并减小支持力度。

第二十一条　打破身份固化，建立建设高校及建设学科有进有出动态调整机制。建设过程中，对于出现重大问题、不再具备建设条件且经警示整改仍无改善的高校及建设学科，调整出建设范围。

第二十二条　建设期末，建设高校根据建设方案对建设情况进行整体自评，对改革的实施情况、建设目标和任务完成情况、学科水平、资金管理使用情况等进行全面分析，发布整体自评报告。专家委员会根据建设高校的建设方案及整体自评报告，参考有影响力的第三方评价，对建设成效进行评价，提出评价意见。根据期末评价结果等情况，重新确定下一轮建设范围。对于建设成效特别突出、国际影响力特别显著的少数建设高校及建设学科，在资金和政策上加大支持力度。

**第六章　组织实施**

第二十三条　教育部、财政部、发展改革委建立部际协调机制，负责规划部署、推进实施、监督管理等工作。

第二十四条　省级政府应结合经济社会发展需求和基础条件，统筹推动区域内有特色高水平大学和优势学科建设，积极探索不同类型高校的一流建设之路。

第二十五条　建设高校要全面加强党的领导和党的建设，坚持正确办学方向，深化综合改革，破除体制机制障碍，统筹学校整体建设和学科建设，加强组织保障，营造良好建设环境。

第二十六条　动员各方力量积极参与世界一流大学和一流学科建设，鼓励行业企业加强与高校合作，协同建设。省级政府、行业主管部门加大对建设高校的投入，强化跟踪指导，及时发现建设中存在的问题，提出改进的意见和建议。

第二十七条　坚持公开透明，建立信息公开网络平台，公布建设高校的建设方案及建设学科、绩效评价情况等，强化社会监督。

**第七章　附则**

第二十八条　本办法由教育部、财政部、发展改革委负责解释。

第二十九条　本办法自发布之日起实施。

## 附录四：教育部 财政部 国家发展改革委关于深入推进世界一流大学和一流学科建设的若干意见

教研〔2022〕1号

各省、自治区、直辖市人民政府，国务院各部委、各直属机构，中央军委办公厅：

建设世界一流大学和一流学科（以下简称"双一流"建设）是党中央、国务院作出的重大战略部署。"双一流"建设实施以来，各项工作有力推进，改革发展成效明显，推动高等教育强国建设迈上新的历史起点。为着力解决"双一流"建设中仍然存在的高层次创新人才供给能力不足、服务国家战略需求不够精准、资源配置亟待优化等问题，经中央深改委会议审议通过，现就"十四五"时期深入推进"双一流"建设提出如下意见。

**一、准确把握新发展阶段战略定位，全力推进"双一流"高质量建设**

1. 指导思想

以习近平新时代中国特色社会主义思想为指导，深入贯彻党的十九大和十九届历次全会精神，深入落实习近平总书记关于教育的重要论述和全国教育大会、中央人才工作会议、全国研究生教育会议精神，立足中华民族伟大复兴战略全局和世界百年未有之大变局，立足新发展阶段、贯彻新发展理念、服务构建新发展格局，全面贯彻党的教育方针，落实立德树人根本任务，对标2030年更多的大学和学科进入世界一流行列以及2035年建成教育强国、人才强国的目标，更加突出"双一流"建设培养一流人才、服务国家战略需求、争创世界一流的导向，深化体制机制改革，统筹推进、分类建设一流大学和一流学科，在关键核心领域加快培养战略科技人才、一流科技领军人才和创新团队，为全面建成社会主义现代化强国提供有力支撑。

2. 基本原则

——坚定正确方向，践行以人民为中心的发展思想，心怀"国之大者"，坚持社会主义办学方向，坚持中国特色社会主义教育发展道路，加强党对"双一流"建设的全面领导，贯彻"四为"方针，把发展科技第一生产力、培养人才第一资源、增强创新第一动力更好结合起来，更好为改革开放和社会主义现代化建设服务。

——坚持立德树人，突出人才培养中心地位，牢记为党育人、为国育才初心使命，以全面提升培养能力为重点，更加注重三全育人模式创新，不断提高培养质量，着力培养堪当民族复兴大任的时代新人，打造一流人才方阵。

——坚持特色一流，扎根中国大地，深化内涵发展，彰显优势特色，积极探索中国特色社会主义大学建设之路。瞄准世界一流，培养一流人才、产出一流成果，引导建设高校在不同领域和方向争创一流，构建一流大学体系，为国家经济社会发展提供坚实的人才支撑和智力支持。

——服务国家急需，强化建设高校在国家创新体系中的地位和作用，想国家之所想、急国家之所急、应国家之所需，面向世界科技前沿、面向经济主战场、面向国家重大需求、面向人民生命健康，率先发挥"双一流"建设高校培养急需高层次人才和基础研究人才主力军作用，以及优化学科专业布局和支撑创新策源地的基础作用。

——保持战略定力，充分认识建设的长期性、艰巨性和复杂性，遵循人才培养、学科发展、科研创新内在规律，把握高质量内涵式发展要求，不唯排名、不唯数量指标，不急功近利，突出重点、聚焦难点、守正创新、久久为功。

**二、强化立德树人，造就一流自立自强人才方阵**

3. 坚持用习近平新时代中国特色社会主义思想铸魂育人。加强党的创新理论武装，突出思想引领和政治导向，深化落实习近平新时代中国特色社会主义思想进教材、进课堂、进头脑，不断增强师生政治认同、思想认同和情感认同。完善全员全过程全方位育人体制机制，不断加强思政课程与课程思政协同育人机制建设，着力培育具有时代精神的中国特色大学文化，引导广大青年学生爱国爱民、锤炼品德、勇于创新、实学实干，努力培养堪当民族复兴大任的时代新人。

4. 牢固确立人才培养中心地位。坚持把立德树人成效作为检验学校一切工作的根本标准，构建德智体美劳全面培养的教育体系。以促进学生身心健康全面发展为中心，以"兴趣+能力+使命"为培养路径，全面推进思想政治工作体系、学科体系、教学体系、教材体系、管理体系建设，率先建成高质量本科教育和卓越研究生教育体系。健全师德师风建设长效机制，加强学术规范教育，以教风建设促进和带动优良学风建设。强化高校、科研院所和行业企业协同育人，支持和鼓励联合开展研究生培养，深化产教融合，建设国家产教融合人才培养基地，示范构建育人模式，全面提升创新型、应用型、复合型优秀人才培养能力。

5. 完善强化教师教书育人职责的机制。加大力度推进教育教学改革，积极探索新时代教育教学方法，不断提升教书育人本领。构建全面提升教育教学能力的教师发展体系，引导教师当好学生成长成才的引路人，培育一批教育理念先进、热爱教学的教学名师和教学带头人。不断完善教学评价体系，多维度考察教师在思政建设、教学投入等方面的实绩，促进教学质量持续提升。完善体制机制，支撑和保障教师潜心育人、做大先生、研究真问题，成为学生为学、为事、为人的示范。

6. 加快培养急需高层次人才。大力培养引进一大批具有国际水平的战略科学家、一流科技领军人才、青年科技人才和创新团队。实施"国家急需高层次人才培养专项"，加大力度培养理工农医类人才。持续实施强基计划，深入实施基础学科拔尖学生培养计划 2.0，推进基础学科本硕博贯通培养，加强基础学科人才培养能力，为实现"0 到 1"突破的原始创新储备人才。充分利用中华优秀传统文化及国内外哲学社会科学积极成果，加强马克思主义理论高层次人才和哲学社会科学拔尖人才培养。面向集成电路、人工智能、储能技术、数字经济等关键领域加强交叉学科人才培养。强化科教融合，完善人才培育引进与团队、平台、项目耦合机制，把科研优势转化为育人优势。

**三、服务新发展格局，优化学科专业布局**

7. 率先推进学科专业调整。健全国家急需学科专业引导机制，按年度发布重点领域学科专业清单，鼓励建设高校着力发展国家急需学科，以及关系国计民生、影响长远发展的战略性学科。支持建设高校瞄准世界科学前沿和关键技术领域优化学科布局，整合传统学科资源，强化人才培养和科技创新的学科基础。对现有学科体系进行调整升级，打破学科专业壁垒，推进新工科、新医科、新农科、新文科建设，积极回应社会对高层次人才需求。布局交叉学科专业，培育学科增长点。

8. 夯实基础学科建设。实施"基础学科深化建设行动"，稳定支持一批立足前沿、自由探索的基础学科，重点布局一批基础学科研究中心。加强数理化生等基础理论研究，扶持一批"绝学"、冷门学科，改善学科发展生态。根据基础学科特点和创新发展规律，实行建设学科长周期评价，为基础性、前瞻性研究创造宽松包容环境。建设一批基础学科培养基地，以批判思维和创新能力培养为重点，强化学术训练和科研实践，强化大团队、大平台、大项目的科研优势转化为育人资源和育人优势，为高水平科研创新培养高水平复合型人才。

9. 加强应用学科建设。加强应用学科与行业产业、区域发展的对接联动，推动建设高校更新学科知识，丰富学科内涵。重点布局建设先进制造、能源交通、现代农业、公共卫生与医药、新一代信息技术、现代服务业等社会需求强、就业前景广阔、人才缺口大的应用学科。

10. 推进中国特色哲学社会科学体系建设。坚持马克思主义指导地位，提出新观点，构建新理论，加快构建中国特色、中国风格、中国气派的哲学社会科学学科体系、学术体系、话语体系。巩固马克思主义理论一级学科基础地位，强化习近平新时代中国特色社会主义思想学理化学科化研究阐释。围绕基础科学前沿面临的重大哲学问题以及科技发展对人类社会的影响，加强科学哲学研究，进一步拓展科学创新的思想空间，推动科学文化建设。深入实施高校哲学社会科学繁荣计划，加快完善对哲学社会科学具有支撑作用的学科，推动马克思主义理论与马克思主义哲学、政治经济学、科学社会主义、中共党史党建等学科联动发展，建好教育部哲学社会科学实验室、高校人文社会科学重点研究基地，强化中国特色新型高校智库育人功能。

11. 推动学科交叉融合。以问题为中心，建立交叉学科发展引导机制，搭建交叉学科的国家级平台。以跨学科高水平团队为依托，以国家科技创新基地、重大科技基础设施为支撑，加强资源供给和政策支持，建设交叉学科发展第一方阵。创新交叉融合机制，打破学科专业壁垒，促进自然科学之间、自然科学与人文社会科学之间交叉融合，围绕人工智能、国家安全、国家治理等领域培育新兴交叉学科。完善管理与评价机制，防止简单拼凑，形成规范有序、更具活力的学科发展环境。

**四、坚持引育并举，打造高水平师资队伍**

12. 建设高水平人才队伍。引导全体教师按照有理想信念、有道德情操、有扎实学识、有仁爱之心的"四有"好老师标准严格要求自己，坚定理想信念，践行教书育人初心使命，提高教师思想政治和育人水平。统筹国内外人才资源，创设具有国际竞争力和吸引力的高端平台、资源配置和环境氛围，集聚享誉全球的学术大师和服务国家需求的领军人才，为加快建设世界重要人才中心和创新高地提供有力支撑。发挥大学在科技合作中的重要作用，加强制度建设，规范人才引进，引导国内人才有序流动。

13. 完善创新团队建设机制。优化团队遴选机制，健全基于贡献的科研团队评价机制，大力推进科研组织模式创新。优化高等院校、科研院所、行业企业高端人才资源在教育教学方面的交流共享机制，促进高水平科研反哺教学。加强创新团队文化建设，探索建立创新容错机制，营造鼓励创新、宽容失败的环境氛围。

14. 加强青年人才培育工作。鼓励建设高校扩大博士后招收培养数量，将博士后作为师资的重要来源。加大长期稳定支持的力度，为青年人才深入"无人区"潜心耕作提供条件和制度保障。关心关爱青年人才，加强青年骨干力量培养，破除论资排辈、求全责备等观念和做法，支持青年人才挑大梁、当主角。完善青年人才脱颖而出、大量涌现的体制机制，挖掘培育一批具有学术潜力和创新活力的青年人才。

### 五、完善大学创新体系，深化科教融合育人

15. 支撑高水平科技自立自强。围绕打造国家战略科技力量，服务国家创新体系建设，完善以健康学术生态为基础、以有效学术治理为保障、以立足国内自主培养一流人才和产生一流学术成果为目标的大学创新体系。做厚做实基础研究，深入推进"高等学校基础研究珠峰计划"，重点支持基础性、前瞻性、非共识、高风险、颠覆性科研工作。加强关键领域核心技术攻关，加快推进人工智能、区块链等专项行动计划，努力攻克新一代信息技术、现代交通、先进制造、新能源、航空航天、深空深地深海、生命健康、生物育种等"卡脖子"技术。建设高水平科研设施，推进重大创新基地实体化建设，推动高校内部科研组织模式和结构优化，汇聚高层次人才团队，强化有组织创新，抢占科技创新战略制高点。鼓励跨校跨机构跨学科开展高质量合作，充分发挥建设高校整体优势，集中力量开展高层次创新人才培养和联合科研攻关。加强与国家实验室以及国家发展改革委、科技部、工业和信息化部等建设管理的重大科研平台的协同对接，整合资源、形成合力。

16. 实施"一流学科培优行动"。瞄准国家高精尖缺领域，针对战略新兴产业、传承弘扬中华优秀传统文化以及治国理政新领域新方向，由具备条件的建设高校"揭榜挂帅"，完善人才培养体系，优化面向需求的育人机制，促进高校、产业、平台等融合育人，力争在国际可比学科和方向上更快突破，取得创新性先导性成果，打造国际学术标杆，成为前沿科技领域战略科学家、哲学社会科学领军人才和卓越工程师成长的主要基地。加大急需人才培养力度，扩大相关学科领域高层次人才培养规模。

17. 提升区域创新发展水平。加强高校、科研院所、企业等主体协同创新，建立协同组织、系统集成的高端研发平台，推动产学研用深度融合，促进科技成果转化，推进教育链、人才链、创新链与产业链有机衔接。立足服务国家区域发展战略，推动高校融入区域创新体系。充分发挥建设高校示范带动作用，通过对口支援、学科合建、课程互选、学分互认、学生访学、教师互聘、科研互助等实质性合作，强化辐射引领，带动推进地方高水平大学和优势特色学科建设，加快形成区域高等教育发展新格局，推动构建服务全民终身学习的教育体系，引领区域经济社会创新发展。

### 六、推进高水平对外开放合作，提升人才培养国际竞争力

18. 全面提升国际交流合作水平。建立健全与高水平教育开放相适应的高校外事管理体系，探索与世界高水平大学双向交流的留学支持新机制，开展学分互认、学位互授联授，搭建中外教育文化友好交往的合作平台，促进和深化人文交流。规范来华留学生管理，扩大优秀学历学位生规模，推进来华留学生英语授课

示范课程建设，全面提升来华学历学位留学教育质量。

19. 深度融入全球创新网络。鼓励建设高校发起国际学术组织和大学合作联盟，举办高水平学术会议和论坛，创办高水平学术期刊，加大面向国际组织的人才培养，提升参与教育规则标准制定的话语权。深入推进共建"一带一路"教育行动，参与国际重大议题研究，主动设计和牵头发起国际大科学计划和大科学工程，主动承担涉及人类生存发展共性问题的教育发展和科研攻关任务，为人才提供国际一流的创新平台，参与应对全球性挑战，促进人类共同福祉。

**七、优化管理评价机制，引导建设高校特色发展**

20. 完善成效评价体系。推进深化新时代教育评价改革总体方案落实落地，把人才质量作为评价的重中之重，坚决克服"五唯"顽瘴痼疾，探索分类评价与国际同行评议，构建以创新价值、能力、贡献为导向，反映内涵发展和特色发展的多元多维成效评价体系。完善毕业生跟踪调查及结果运用，建立健全需求与就业动态反馈机制。将建设高校引领带动区域发展作用情况作为建设成效评价的重要内容，对成效显著的给予倾斜支持。基于大数据常态化监测，着力建设"监测—改进—评价"机制，强化诊断功能，落实高校的建设主体责任。

21. 优化动态调整机制。以需求为导向、以学科为基础、以质量为条件、以竞争为机制，立足长期重点建设，对建设高校和学科总量控制、动态调整，减少遴选和评价工作对高校建设的影响，引导高校着眼长远发展、聚焦内涵建设。对建设基础好、办学质量高、服务需求优势突出的高校和学科，列入建设范围。对发展水平不高、建设成效不佳的高校和学科，减少支持力度直至调出建设范围。对建设成效显著的高校探索实行后奖补政策。

22. 探索自主特色发展新模式。强化一流大学作为人才培养主阵地、基础研究主力军和重大科技突破策源地定位，依据国家需求分类支持一流大学和一流学科建设高校，淡化身份色彩，强特色、创一流。优化以学科为基础的建设模式，坚持问题导向和目标导向，不拘泥于一级学科，允许部分高校按领域和方向开展学科建设。选择若干高水平大学，全面赋予自主设置建设学科、评价周期等权限，鼓励探索办学新模式。选择具有鲜明特色和综合优势的建设高校，赋予一定的自主设置、调整建设学科的权限，设置相对宽松的评价周期。健全自主建设高校权责匹配的管理机制，确保自主权落地、用好。对于区域特征突出的建设高校，支持面向区域重大需求强化学科建设。

**八、完善稳定支持机制，加大建设高校条件保障力度**

23. 引导多元投入。建立健全中央、地方、企业、社会协同投入长效机制。

中央财政专项持续稳定支持。巩固扩大地方政府多渠道支持力度，鼓励地方政府为"双一流"建设创造优良政策环境。强化精准支持，突出绩效导向，形成激励约束机制，在公平竞争中体现扶优扶强扶特。引导建设高校立足优势，扩大社会合作，积极争取社会资源。

24. 创新经费管理。依据服务需求、建设成效和学科特色等因素，对建设高校和学科实行差异化财政资金支持。扩大建设高校经费使用自主权，允许部分高校在财政专项资金支持范围内自主安排项目经费，按五年建设周期进行执行情况考核和绩效考评。落实完善科研经费使用等自主权。

25. 强化基础保障。加大中央预算内基础设施建设投资力度，重点加强主干基础学科、优势特色学科、新兴交叉学科。新增研究生招生计划、推免指标等，向服务重点领域的高校和学科倾斜，向培养急需人才成效显著的高校和学科倾斜，向中西部和东北地区的高校和学科倾斜。针对关键核心领域，加大对建设高校国家产教融合创新平台建设的支持力度。

**九、加强组织领导，提升建设高校治理能力**

26. 加强党的全面领导。坚定政治立场，提高政治站位，把党的领导贯穿建设全过程和各方面，强化高校党委管党治党、正风反腐、办学治校主体责任，把握学校发展及学科建设定位，坚持和完善党委领导下的校长负责制，把好办学方向关、人才政治关、发展质量关。认真贯彻落实新时代党的组织路线，加强领导班子自身建设，统筹推进干部队伍建设，健全党委统一领导、党政齐抓共管、部门各负其责的体制机制，使"双一流"建设与党的建设同步谋划、同步推进，激发师生员工参与建设的积极性、主动性和创造性。

27. 强化建设高校责任落实。对标教育现代化目标和要求，健全学校政策制定和落实机制，统筹编制好学校整体规划和学科建设、人才培养等专项规划，形成定位准确、有序衔接的政策体系。健全工作协同机制，完善上下贯通、执行有力的组织体系，提高资源配置效益和管理服务效能。落实和扩大高校办学自主权，注重权责匹配、放管相济，积极营造专心育人、潜心治学的环境。完善学校内部治理结构，深化人事制度、人才评价改革，充分激发建设高校内生动力和办学活力，加快推进治理体系和治理能力现代化。

教育部
财政部
国家发展改革委
2022 年 1 月 26 日

# 参考文献

[1] 和飞.地方大学办学理念研究[M].北京：高等教育出版社，2005.

[2] 秦小云.大学教学管理制度的人性化问题研究[M].青岛：中国海洋大学出版社，2007.

[3] 贺祖斌.高等教育大众化与质量保障：高等学校教学质量保障体系的建构与实践[M].桂林：广西师范
    大学出版社，2004.

[4] 耿涓涓.西部高等教育发展研究[M].桂林：广西师范大学出版社，2003.

[5] 夏子贵，罗洪铁.专业变革：跨世纪人才培养的宏伟工程[M].成都：四川教育出版社，1997.

[6] 叶国荣，陈达强，吴碧艳.高校本科生教育中研究型教学模式探讨[J]中国高教研究，2009（3）：90-91.

[7] 伍宸.《统筹推进世界一流大学和一流学科建设总体方案》政策分析与实践对策[J].重庆高教研究，
    2016，4（1）：12-17.

[8] 车如山，赵佳欣."双一流"建设背景下的地方高校发展研究[J].教育与教学研究，2017，31（8）：
    37-43.

[9] 高岩.地方高校建设"双一流"的内在逻辑[J].中国高校科技，2019（12）：49-52.

[10] 张灵，李红宇."双一流"建设背景下地方高校发展分析与对策思考[J].赤峰学院学报（汉文哲学
    社会科学版），2016，37（11）：232-234.

[11] 查永军."双一流"背景下地方高校学科建设困境及突围[J].中国电化教育，2020（1）：70-75.

[12] 邢曙."双一流"背景下地方高校学科建设路径探寻[J].现代教育科学，2020（4）：123-128.

[13] 米文静，李超.论"双一流"背景下的地方本科院校建设[J].商洛学院学报，2019，33（2）：91-96.

[14] 王之康."双一流"背景下的行业大学当何往[N].中国科学报，2019-11-06（3）.

[15] 陈茜."双一流"建设背景下西部地方高校学科和专业发展路径研究[D].南充：西华师范大学，2019.

[16] 张忍."双一流"战略背景下的地方高校一流专业建设[D].南昌：江西财经大学，2019.

[17] 蒋音."双一流"背景下 H 大学一流学科建设研究[D].北京：华北电力大学，2019.

[18] 徐润."双一流"背景下师范大学教育学科建设研究[D].西安：陕西师范大学，2018.

[19] 叶心童."双一流"背景下行业特色型大学学科建设研究[D].扬州：扬州大学，2020.

[20] 刘梦哲."双一流"背景下黑龙江省地方高校学科专业建设研究[D].哈尔滨：哈尔滨理工大学，2021.

[21] 许晶艳.一流学科与一流专业的协同体系研究[D].武汉：武汉理工大学，2020.

[22] 高放."双一流"视角下行业特色高校学科建设研究[D].天津：天津工业大学，2018.

[23] 赵子月."双一流"背景下地方高校一流学科建设内容研究——以 S 大学为例[D].沈阳：沈阳师范
    大学，2021.

[24] 安林静."双一流"视域下一流学科建设研究——以Z大学为例[D].郑州：郑州大学，2018.

[25] 周丽."双一流"建设背景下的地方高校特色学科建设研究——以临沂大学化学学科为例[D].桂林：广西师范大学，2018.

[26] 王慧敏."双一流"背景下地方财经类院校学科品牌建设路径研究[D].太原：山西财经大学，2018.

[27] 李灵东，孙洋，孙世钧."双一流"建设背景下行业特色型高校学科专业建设的思考[J].当代教育实践与教学研究，2020（11）：224-227.

[28] 张珂，袁勇."双一流"背景下地方高校一流专业建设研究与探索——以沈阳建筑大学为例[J].沈阳建筑大学学报（社会科学版），2020（5）：517-522.

[29] Elzabeth J.'Hey professor, why are you teaching this class?'Reflections on the relevance of IS research for undergraduate students[J].European Jourmnal of Information Systems,2011,20（2）.

[30] Julie A.American Academic Cultures: A History of Higher Education[J].History of Education Quarterly,2019,59（1）.

[31] John R.History of American Education[M].Baltimore and London:The Johns Hopkins University Press,2004.

[32] Julie A.American Academic Cultures:A History of Higher Education [J].History of Education Quarterly,2019,59（1）.

[33] Janet S.Teaching Scholarship to Undergraduate Students[J].General Anthropology,2014,21（2）.

[34] Chen L.Study on integrated construction of discipline and major of application-oriented university based on synergy theory[J].Education of Normal School of Zhengzhou,2013,28（3）.